페렐만의 살아있는 수학 3

국립중앙도서관 출판시도서목록(CIP)

(페렐만의) 살아있는 수학 3, 대수학

지은이: Yakov I. Perelman ; 옮긴이: 조수영. -- 서울 : 써네스트, 2007

268p. ; 15.3cm X 22.4 cm 원서명: Zanimatel' naya Algebra

ISBN 978-89-91958-08-1 03410 : \10000

410-KDC4

510-DDC21   CIP2007000455

Zanimatel'naya Algebra

Writer-Perelman Y. I.

Korean Translation Copywriter ⓒ 2006 by Sunest Publishing co.

이 도서의 국립중앙도서관 출판시도서목록(CIP)은 e-CIP 홈페이지(http://www.nl.go.kr/cip.php)에서 이용하실 수 있습니다.(CIP제어번호: CIP2007000455)

페렐만의 **살아있는 수학** 3

대 수 학

⦿ 야콥 페렐만 지음 ⦿ 조수영 옮김

써네스트

혼자서 읽는 대수학

이 책은 대수학을 처음 배우는 사람들을 위하여 쉽게 풀이해 놓은 학습서는 아니다.

저자의 다른 책들((페렐만의 살아있는 수학-이야기와 함께 떠나는 재미있는 수학여행), (페렐만의 살아있는 수학2-수의 세계), (페렐만의 살아있는 수학4-기하학)등이 있다- 옮긴이)과 마찬가지로 이 책 역시 학습지가 아닌, 혼자 볼 수 있는 '읽기책' 이다. 하지만 이 책을 읽는 독자들은 이미 대수학에 관하여 어느 정도 알고 있어야 한다. 반쯤 잊어버렸거나 어렴풋하게라도 말이다.

《페렐만의 살아있는 수학3-대수학》은 대수학에 관한 여러분의 어렴풋한 지식을 명료하게 하고, 그 개념을 정확하게 잡아주는 것을 목표로 한다. 특히, 독자들이 대수학의 묘미를 느끼고, 일반 학습서에서 미흡한 부분들을 스스로 보완하고자 하는 의지를 갖게 하는데 역점을 두고 있다.

저자는 재미있는 이야기로 대수학 문제를 꾸미고, 흥미 있는 수학의 역사를 부분적으로 첨가했으며, 또 우리가 미처 깨닫지 못한 채 실생활에 적용되고 있는 대수학의 활용을 소개했다. 이외에도 다양한 방법으로 독자들이 대수학에 좀 더 매력을 느끼고 흥미를 갖도록 이 책을 구성했다.

| 야콥 페렐만 |

Creative man creates himself

현재 한국과학기술원(KAIST)에서 수학중인 나의 제자들은 모두 항공우주공학자 및 훌륭한 수학자의 박사 후보들이며, 나도 중·고등학교에서 이루어지는 수학수업에 관해서는, 적어도 미국에서의 수학수업에 관해서는 조금 알고 있다. 나에게는 세 딸이 있는데 그 아이들은 1970년대에 캘리포니아에서 중·고등학교를 다녔다. 그런데 딸들 중 한 아이가 유독 수학을 힘들어 해서 내가 직접 가르쳐야 했던 경우가 있었기 때문이다. 소위 '새로운 수학 new math'이라는 개념이 실재하고 있었지만 우리 아이들은 이른바 '기본으로 돌아가자'라는 원칙에 맞추어져 수학을 배우고 있었다.

'기본으로 돌아가자'라는 방법은 1,700년 전 이집트에서 사용된 방법과 본질적으로 같은 것으로, 단계적으로 정리와 정의를 완성시켜 나가는 형태로 구성된다. 이것은 정립된 원칙에 따라 접근하는 방식으로 나도 1950년대에 이 방식으로 수학을 공부했다. 흔히들 동양인들은 이런 방식의 수학을 잘 한다고 말한다. 즉 이미 세워진 틀에 따라 풀이를 해나가는 것에는 능숙하지만, 더 앞서 나가려고는 하지 않는다는 것, 즉 우리는 그다지 창조적이지 않다는 것이다.

과거 동양문화권에서는 기존의 것과 다른 새로운 것을 창조한다는 것은 무례한 것이었다. 하지만 오늘날의 걱정과 염려는 '어떻게 창의성을 심어주느냐' 하는 문제에 집중된다. 특히 원칙에 따른 접근이 몸에 밴 수학교육은 큰 걱정거리임이 틀림없다.

나는 이 책을 읽으면서 전혀 다른 접근법을 보았다. 이 책은 정리와 정의에 따라 구성된 것이 아니라, 대신 학생들에게 다양한 경우들을 제시하고 이 경우들을 가장 잘 표현할 수 있는 수학 방정식을 만들어낼 것을 요구한다. 학생들에게 '주어진 문제를 풀게 하는 것' 보다는 문제를 '공식화 formulate' 하게 요구하는 것이다. 이것은 나와 나의 딸들이 받았던 수학교육에서는 부족했던 '창조성' 의 핵심이 되는 부분이다.

항공우주공학을 가르치면서 일반적으로 내가 본 학생들의 취약점은 '공식화—formulate 능력' 이다. 어떤 문제를 공식화해서 학생들에게 제시하면 모두들 매우 잘 해낸다. 이 '이미 공식화된 문제 풀기' 는 책자를 뒤져 찾아내거나, 컴퓨터 프로그램에 번호를 쳐 넣는 것 이상의 의미는 없다(필요한 수학 방정식, 정리 및 답을 제공하는 책자와 컴퓨터 프로그램은 얼마든지 많이 있다). '문제를 공식화 하는 것' 이 능력이고 우리에게 절박하게 요구되는 것이다. 모두가 알고 있듯이, 수학분야에서는 러시아인들이 미국인들보다 우수하다. 나는 이 이유를 이 책을 통해서 알 수 있었다. 러시아인들은 '더 낳은 교육' 을 받고 있었던 것이다.

KAIST 교수들간에 지속적으로 이야기되는 수제 중 하나는 바로 '젊은 이들에게 어떻게 창조성을 심어 줄 것인가' 하는 것이다. 정부 관료들은 우리 교수들이 학생들에게 창조성을 가르칠 것을 요구하기도 하지만 창조성이 배워질 수 있는 것인가?

내가 가장 좋아하는 바그너의 오페라 《니벨룽겐의 반지》에서 신神 보탄은 세상의 문제들을 풀기 위하여 창조적인 인간을 만들려고 한다. 그러나 그가 만든 사람은 모두 신의 노예가 되지 창조적인 인간이 되지 못함을 알게 되었고, 다음과 같은 결론을 내린다. '창조적 인간은 스스로를 창조한다'. 신이 할 수 없었던 일을 우리 KAIST 교수들이 할 수는 없다. 그렇다면 이 책이 창조적인 사람을 만들어낼 수 있는가?

아니다, 그렇지 않다. 하지만 이 책은 창조적인 사람을 '발견' 하고, 그 사람의 창조성을 피어나게 해 줄 수 있을 것이다. 스스로가 실제로 얼마나 창조적인가를 확인하기 위해 이 책을 읽어보라고 모든 사람들에게 강력히 권한다. 또 중·고등학교 및 학원의 수학 교사들 그리고 특히 정부 관료들이 이 책에 주목하길 바란다. 수학 교육을 위해 이 책을 사용하는 것은 나라를 위해 좋은 일이 될 것이다.

항공우주공학은 최고의 창조성을 요구하는 분야이다. 누구든 이 책으로 좋은 결과를 얻었다면, KAIST 항공우주공학부에 지원할 것을 추천한다.

Good Luck!

| 박철 (KAIST 초빙교수, 전 NASA 수석연구원) |

박철 박사는 한국과학기술연구원 우주항공 엔지니어링 학부 초빙교수로서 우주여행기술을 지도하고 있다. 그는 서울대학교에서 학사 및 석사학위를 받았고, 영국 런던에 있는 Imperial College of Science and Technology 에서 박사학위를 받았다. 또한 독일의 슈투트가르트 대학에서도 명예 공학박사를 받았고, 현재 이 대학의 자문위원으로도 활동하고 있다. 그는 37년 동안 미국항공우주국 NASA에서 근무했고, 일본에서 3년간 강의를 했으며, 스탠포드 대학교와 MIT에서 강의를 했다. 우주여행 기술분야에서 그의 업적을 기려 미국정부가 두 번에 걸쳐 상을 수여했고, 미항공우주학회 AIAA가 상을 수여했다. 그가 NASA를 퇴임하던 해에는 AIAA 논문집에 박 철 박사가 이룬 업적을 대대적으로 다룬 'NASA 보고서' 가 게재되기도 했다.

＊ 이글의 원본인 영문은 책의 맨 뒤에 실려있습니다.

1장 | 수학의 다섯 번째 연산법

7장 | 수열과 일곱 번째 연산법

01

수학의 다섯 번째 연산법

❖

대수학은 우리가 잘 아는 사칙연산(덧셈, 뺄셈, 곱셈, 나눗셈)에 세 가지 연산법(거듭제곱과 거듭제곱의 역 연산법 두 가지)을 더 합쳐 '일곱 가지 산술연산' 이라고도 불립니다.

이 책에서 다루고자 하는 대수학에 관한 이야기는 '다섯 번째 연산법', 즉 거듭제곱에서부터 시작할 것입니다.

과연 실생활에서 이 연산법을 필요로 할까요? 물론입니다.

제곱과 세제곱은, 일반적으로 일정한 크기의 면적과 부피를 계산할 때 사용되고, 또 거리의 제곱에 비례하여 약해지는 만유인력, 정전기 및 자기력의 상호작용, 또 빛과 소리의 특성을 나타낼 때도 사용되고 있습니다. 태양주변을 도는 행성들(그리고 행성 주변의 위성)의 운동에서 회전의 연속성은 거듭제곱으로 나타나는 회전축으로부터의 거리와 밀접한 관련이 있습니다(케플러의 법칙).

제곱, 세제곱만 실생활에서 사용되고 있고, 더 높은 지수의 거듭제곱은 수학 문제집에서만 나온다고 생각한다면 그것은 잘못된 생각입니다. 엔지니어는 강도에 관한 계산을 하면서 네 제곱을 사용하고, 수증기 배관의 직경을 구할 때는 여섯 제곱을 사용합니다. 보다 더 큰 거듭제곱은 아주 뜨거워진 물체가 내는 빛, 예를 들어 뜨거워진 전구의 필라멘트 선을 연구하는데 사용됩니다.

이 장에서는 거듭제곱의 특성과 용도에 대해서 폭넓게 알아보도록 합시다.

1. 천문학적인 수

수학의 다섯 번째 연산법을 천문학자들만큼 그렇게 자주 사용하는 사람들이 있을까? 우주를 연구하는 학자들은 늘 거대한 수들, 즉 한 두 개의 숫자를 제외하곤 0의 긴 행렬로 구성되는 그런 수들을 접한다. 말 그대로 '천문학적인 수'라고 불리는 거대한 수를 일반적인 방법으로 표현하려면 그 번거로움을 피할 길이 없는데, 특히 수 계산을 할 때는 더욱 난감해진다. 예를 들어, 지구에서 안드로메다 성운까지의 거리를 km를 사용하여 일반적인 방법으로 나타내면 다음과 같다.

$$20,900,000,000,000,000,000 km$$

천문학적 계산을 수행할 때 천체의 거리를 km 또는 더 큰 단위들로 나타내지 않고, cm로 표현해야 하는 경우가 종종 있다. 이런 경우, 우리가 나타내고자 하는 거리는 0이 다섯 개 더 추가되는 형태가 된다.

$$2,090,000,000,000,000,000,000,000,000cm$$

별의 질량은 더 큰 수들로 쓰여지는데, 특히 많은 계산에서 그러하듯, g(그램)으로 나타내야 하는 경우에는 그 수가 더욱 커진다. 태양의 질량을 g으로 환산하면

$$1,983,000,000,000,000,000,000,000,000,000,000g$$ 이다.

이런 엄청난 수를 가지고 계산하는 것이 얼마나 어려운지, 얼마나 많은 실수가 발생할지는 쉽게 예상할 수 있다. 하지만 여기서 인용된 수는 천문학에서 사용되는 가장 큰 수들에 비하면 그렇게 대단한 것도 아니다.

이런 경우, 우리의 숨통을 트이게 해주는 것이 바로 수학의 다섯 번째 연산법인 거듭제곱을 이용하는 것이다. 0을 달고있는 1은 10의 거듭제곱으로 나타낼 수 있다.

$100 = 10^2$, $1,000 = 10^3$, $10,000 = 10^4$ 등.

앞에서 인용된 거대한 수들도 10의 거듭제곱을 이용하여 다음과 같이 간단히 나타낼 수 있다.

안드로메다 성운까지의 거리는 $209 \times 10^{22}cm$라고 나타낼 수 있으며, 태양의 질량은 $1,983 \times 10^{30}g$이라고 표시할 수 있다.

거듭제곱을 사용하면 지면(紙面)을 절약할 수 있을 뿐만 아니라, 계산도 훨씬 쉬워진다. 예를 들어 위의 두 수를 곱할 경우, 먼저 $209 \times 1,983 = 414,447$를 구하고, $10^{22+30} = 10^{52}$을 계산하면 된다.

$$209 \times 10^{22} \times 1,983 \times 10^{30} = 414,447 \times 10^{52}$$

처음에는 0이 22개인 수를 쓰고, 그 다음에는 0이 30개인 수를, 마지막에는 0이 52개 붙은 수를 늘여 쓰는 것 보다는 거듭제곱을 이용하여 수를 표현하면 무척 편해지고 계산도 훨씬 정확해진다. 수십 개의 0을 늘여 쓰는 경우에는 한 두 개를 빠뜨릴 수도 있고 그 결과 오답을 얻을 수 있기 때문이다.

2. 자물쇠의 비밀

소련의 한 정부 기관에서 혁명 전의 자료를 간직한 내화금고를 발견하였다. 열쇠도 함께 발견되었으나, 열쇠를 사용하려면 먼저 금고문에 달린 자물쇠의 패스워드를 알아야만 했다. 자물쇠는 원통형이었고 그 원통에는 5줄로 나뉘어서 러시아어 알파벳 36개가 쓰여져 있었다. 즉 5개의 알파벳으로 된 단어를 맞추어야만 문을 열 수 있다. 이 단어를 아는 사람은 아무도 없었기 때문에, 이 금고를 부수지 않고 열기 위해선 원통에 있는 알파벳을 모두 조합해 보는 방법 밖에 없었다. 한 가지 조합을 만드는데 3초가 걸린다.

작업 일 수 1일 작업 시간은 8시간으로 한다. 여기서 작업 일 수라 함은 1일을 8시간으로 계산한 것이다.를 10일로 정하면 이 기간 내에 금고를 여는 것이 가능할까?

풀 이

먼저, 36개의 알파벳을 이용해 몇 개의 조합을 만들 수 있는지 계산해 보자 (단, 중복도 가능하다).

원통의 첫 번째 줄에 36개의 알파벳 중 하나를 입력시킬 수 있으므로 경우의 수는 36이다. 원통의 두 번째 줄에도 마찬가지로 36개의 알파벳 중 하나를 입력시킬 수 있다. 중복이 가능하므로 역시 경우의 수는 36이다. 따라서 나올 수 있는 모든 경우의 수는

$$36 \times 36 = 36^2$$

이 조합의 각각에 세 번째 줄에 입력 가능한 알파벳 36개를 갖다 붙일 수 있다. 그러면 가능한 모든 경우의 수는

$$36^2 \times 36 = 36^3$$

이런 방식으로 네 개의 알파벳 조합은 36^4이 되고, 알파벳 다섯 개의 조합은 36^5, 즉 60,466,176가지가 된다. 약 육천만 개의 조합을 만들려면, 한 개당 3초씩 소요되므로,

$$3 \times 60,466,176 = 181,398,528$$

초가 필요하다. 이는 50,000시간이 넘고, 거의 6,300일의 작업 일 수가 되고, 햇수로는 20년 이상 된다.

따라서 열흘의 작업일 동안 금고를 열 가능성은 $\frac{10}{6300}$, 또는 $\frac{1}{630}$로 매우 희박함을 알 수 있다.

3. 미신을 믿는 자전거 주인

예전에 러시아에서는 자전거에도 자동차처럼 번호판을 달았다. 번호는 여섯 자릿수였다.

한 사람이 자전거를 샀다. 그는 숫자 8이 들어있는 수는 불행을 가져다 준다는 미신을 믿는 사람이어서 자전거 번호판에 단 한 자리라도 숫자 8이 들어가면 자신에게 불행이 올 것이라고 두려워했다. 그러나 번호판을 받으러 갈 때, 다음과 같은 생각을 하면서 스스로를 위로하였다. 번호판에 들어갈 숫자 중 하나는 0, 1, …… 9의 10개의 숫자 중에서 선택된다. 그 중 '불행'의 숫자인 '8'이 나올 경우는 열 번 중 단 한번에 불과하다. 과연 그의 생각이 옳은 것일까?

풀이

000001부터 999999까지 만들 수 있는 여섯 자릿수의 번호판 개수는 999,999가지이다. 이중 '행운'의 수가 몇 개나 되는지 계산해 보자. 첫 번째 자리에 들어갈 숫자는 0부터 9까지의 숫자들 중 불행의 숫자인 8을 제외한 9개의 '행운'의 숫자는 어떤 것이든 가능하다, 즉 0, 1, 2, 3, 4, 5, 6, 7, 9. 두 번째 자리도 마찬가지로 이 아홉 개의 숫자들 중에서 아무거나 올 수 있다. 그러므로 만들 수 있는 여섯 자리 행운의 수에서 앞의 두 자리에 올 수 있는 숫자의 경우의 수는 $9 \times 9 = 9^2$이 된다. 세 번째 자리에 올 수 있는 숫자 역시 0부터 9까지의 수 중 8을 제외한 9가지이므로 지금까지의 모든 경우의 수는 $9^2 \times 9 = 9^3$이다.

이런 방법으로, 여섯 자리 '행운'의 수 조합은 9^6이 된다. 그러나 이 수 중에는 자전거 번호로는 사용할 수 없는 000000도 있음을 기억해야 한다. 따라서, 위의 조건으로 만들 수 있는 행운의 수는 $9^6-1 = 531,440$개이다. 이것은 만들 수 있는 모든 여섯 자리의 번호들 중에서 53%를 조금 넘을 뿐, 자전거 주인이 생각했던 90%는 아니다.

자전거 번호가 일곱 자리일 경우 '불행'의 수가 '행운'의 수보다 더 많아지는데, 이것을 확인하는 일은 독자들에게 맡기겠다.

4. 반복되는 곱의 결과

원생동물인 짚신벌레는 평균적으로 보았을 때 27시간마다 분열해서 둘로 나눠진다. 만일 이렇게 생겨난 짚신벌레가 모두 살아남는다면, 한 마리의 짚신벌레의 후손이 태양의 부피만큼 되려면 얼마의 시간이 걸릴까?

아래의 두 가지를 참고해서 문제를 풀어라.

1. 분열 후 죽지 않은 짚신벌레의 40번째 세대는 $1m^3$의 부피를 차지한다.

2. 태양의 부피를 $10^{27}m^3$라고 하자.

풀이

이 문제를 풀기 위하여 우리는 부피 10^{27}m³를 얻기 위해서 부피 1m³인 40번째 세대가 몇 번 더 분열하여야 하는가를 먼저 알아내야 한다. 다음과 같이 나타내 보자. 즉 $2^{10} \fallingdotseq 1,000$ 이 되므로

$$10^{27} = (10^3)^9 \fallingdotseq (2^{10})^9 = 2^{90}$$

즉 40번째 세대들이 태양 부피만큼 증식하려면 아직 90번의 분열을 더 겪어야 한다. 전체 세대 수는 처음부터 시작해 40+90=130 이다. 전체 분열

이 147일 동안 일어난다는 것은 쉽게 계산할 수 있다.

실제로 한 미생물학자에 의해 짚신벌레가 8,061회 분열하는 것이 관찰되기도 했다. 만일 이 짚신벌레가 한 마리도 죽지 않는다면 마지막 세대는 얼마만큼의 부피를 차지할 수 있을까? 이 계산은 독자들에게 직접 해볼 수 있는 기회를 주겠다.

이 문제는 다음과 같이도 생각해 볼 수 있다

만일 태양이 반으로 쪼개지고, 그 반은 또 다시 반으로 쪼개진다면 이렇게 태양이 몇 번 분할되어야 짚신벌레 크기의 입자로 될 수 있을까?

독자들이 이미 답을 알고 있기 때문에(130) 이것은 문제가 되지도 못할 것이다.

같은 유형의 또 다른 문제를 살펴보자.

종이 한 장을 반으로 찢고, 그 중 반쪽을 다시 반으로 나누고 등. 만일 이 종이를 원자크기의 입자로 만들려면 몇 번을 찢어야 할까?

종이 한 장은 $1g$이고, 원자 중량은 $\frac{1}{10^{24}} g$ 이라고 하자. 10^{24}는 대략 2^{80} 정도이므로, 반으로 나누는 행동을 모두 80회 반복해야 한다. 이런 문제에 대한 답으로 가끔 나올 수 있는 수 백만 번이 아니다.

5. 체스게임의 경우의 수

체스 판에서 치러졌을 만한 게임 수를 대강 헤아려 보자. 이런 경우, 정확하게 숫자를 구하려는 것은 별 의미가 없으나, 체스게임의 경우의 수(대략적으로)를 구하는 방법 중 하나를 독자들에게 소개하고자 한다. 벨기에의 수학자 크라이칙의 저서 《놀이로서의 수학과 수학적 오락》에서 다음과 같은 계산을 볼 수 있다.

백팀은 첫 번째 수로 20가지의 선택권을 가진다 (각각 한 칸 또는 두 칸을 움직일 수 있는 8개 폰의 16가지 수와, 2개의 나이트(Knight)를 움직일 수 있는 경우의 수 4가지). 백팀이 둔 수에 흑팀은 이 20가지 수 중 하나로 응할 수 있다. 백팀의 모든 수(手)와 흑팀의 모든 수(手)를 합하면, 양편이 각각 첫 수(手)를 둔 후, 20×20＝400 가지의 서로 다른 게임이 만들어진다.

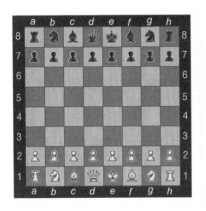

그림 1

첫 수를 두고 나면, 가능한 수는 더 많아진다. 예를 들어, 백팀이 첫 수를 폰을 가지고 $e2$에서 $e4$(그림1을 보아라)에 두었다면, 두 번째 수는 29가지 중 하나를 선택할 수 있다. 더 진행될수록 가능한 수(手)의 가지 수(數)는 더욱 커진다. 퀸 하나만도 예를 들어 $d5$의 위치에 서서 27가지의 수를 선택할 수 있다(퀸은 체스 판 어디에도 자유롭게 있을 수 있다는 것을 전제하여). 그러나 계산을 단순화시키기 위해 다음과 같은 평균 수를 사용하자.

처음 다섯 번의 수에서 양편은 20가지의 수가 가능하다고 하고,

다음 수에서는 양편에 30가지의 수가 가능하다고 하자.

이외에 일반 게임에서 한 게임이 끝날 때까지 두어지는 수는 평균 40수리는 깃도 받아들이자. 이때 가능한 게임의 경우의 수를 계산하는 식을 구해 보자.

$$(20 \times 20)^5 \times (30 \times 30)^{35}$$

이 식의 대강의 크기를 가늠해 보기 위해 다음과 같이 변형시키고, 간단하게 만들어 보자.

$$(20 \times 20)^5 \times (30 \times 30)^{35} = 2^{10} \times 3^{70} \times 10^{80}$$

2^{10} 은 대략 1000이므로, 즉 10^3으로 바꾸자.

3^{70}은 다음과 같이 표현할 수 있다.

$$3^{70} = 3^{68} \times 3^2 \fallingdotseq 10(3^4)^{17} \fallingdotseq 10 \times 80^{17} = 10 \times 8^{17} \times 10^{17} = 2^{51} \times 10^{18}$$

$$= 2(2^{10})^5 \times 10^{18} \fallingdotseq 2 \times 10^{15} \times 10^{18} = 2 \times 10^{33}$$

따라서

$$(20 \times 20)^5 \times (30 \times 30)^{35} \fallingdotseq 10^3 \times 2 \times 10^{33} \times 10^{80} = 2 \times 10^{116}$$

이 수는 체스게임 발명에 대한 포상으로 얻어진 밀알의 전설적인 수 2^{64-1}
$\fallingdotseq 18 \times 10^{18}$, 《페렐만의 살아있는 수학》을 보면 여기에 대해서 자세히 나와 있다—옮긴이를 훨씬 능가한다. 만일 지구 상 모든 인구가 매일 체스게임을 하며, 초당 한 수씩 둔다고 할 때, 실현 가능한 체스게임의 경우의 수가 모두 다 소진되려면, 이런 쉼 없는 대대적인 게임이 10^{100}세기 이상 계속되어야 한다!

6. 체스 로봇의 비밀

언젠가 체스 로봇이 존재했었다는 사실을 알면 당신은 무척 놀랄 것이다.
이 사실과 실제 체스 판에서 말을 조합하여 나올 수 있는 경우의 수가 무한하다는 사실을 어떻게 이해할 수 있나?

아주 간단하게 설명할 수 있다. 체스 로봇이 실제로 존재한 것이 아니라, 단지 그것에 대한 믿음이 있었을 뿐이었다. 헝가리 출신 기술자 볼프강 폰 켐펠렌(1734~1804)이 만든 기계가 특히 유명했는데, 켐펠렌은 오스트리아와 러시아의 궁전에서 이 기계를 선보였고, 이어 파리와 런던에서 대중들에게도 공개했다. 나폴레옹 1세는 이 기계와 실력을 겨루기도 했다. 1800년대 중반에 이 굉장한 기계가 미국으로 옮겨졌는데, 필라델피아 화재 시 소실되었다고 한다.

다른 여러 체스게임 기계들이 있었지만 위와 같은 큰 명성은 얻지 못했다. 어쨌든 당시 자동으로 작동하는 기계의 존재는 굉장한 것이었고 그에 대한 믿음은 시간이 흘러도 전혀 퇴색되지 않았다.

하지만 실제로 어떤 체스게임 기계도 자동으로 작동되지는 않았다. 기계 내부에 숙련된 체스게이머가 숨어 말을 움직였던 것이다. 이 가짜 기계는 복잡한 구조를 가지는 커다란 부피의 상자였을 뿐이다. 상자에는 말과 함께 체스 판이 들어 있었고, 말은 큰 인형의 팔로 움직여졌다. 물론 경기 시작 전 관중들은 상자 안에는 기계 부품 위에는 아무것도 없다는 것을 확인하였다. 그러나 상자 안에는 키가 작은 사람이 숨을만한 충분한 공간이 있었다. 사회자가 관중들에게 상자의 여러 부분을 차례로 보여주면서 소개할 때, 숨어 있던 사람은 조용히 옆 블록으로 이동했다. 이 기계의 역할은 어떤 연산작용을 하는 것이 아니라, 단지 살아있는 게이머의 존재를 감추어 주는 덮개일 뿐이었다.

지금까지 서술한 내용으로 다음과 같은 결론을 내릴 수 있다.

체스게임의 경우의 수는 실제로는 무한하나, 최선의 수를 선택할 수 있는 기계는 단지 속기 쉬운 사람들의 상상 속에서나 존재할 뿐이다. 그러므로 체스의 위기를 걱정할 일은 없을 것이다.

하지만 최근^{20세기 초-옮긴이} 이 결론에 의심을 가질만한 사건이 생겼다. 이미 지금은 '체스 게임을 하는 기계'가 존재한다. 이 기계는 초당 수천 가지의 연산을 실행할 수 있는 복잡한 계산기이다. 어떻게 이 기계가 체스 '게임'을 할 수 있는걸까?

물론 어떤 계산기도 수를 이용한 작동(수의 연산) 외에 다른 것은 할 수 없다. 그러나 계산은 이미 만들어진 프로그램에 따라, 정해진 작동 법칙에 따라서 실행된다.

체스 '프로그램'은 정해진 게임 전술을 바탕으로 수학자들이 각각의 위치에서 유일한(전술적 의미에서 '가장 좋은') 수를 선택하게 하는 법칙 체계를 만들어 놓음으로써 가능하게 되었다. 이런 전술의 예를 한 가지 들어보겠다. 각각의 말에는 고유의 점수(가치)가 있다.

킹	+200점	폰	+1점
퀸	+9점	뒤에 처친 폰	−0.5점
룩	+5점	고립된 폰	−0.5점
비숍	+3점	두 줄로 늘어선 폰	−0.5점
나이트	+3점		

이외에, 위 점수의 $\frac{1}{10}$ 이 위치적 이점(利點)(말의 이동성, 말이 가장자리보다는 중심에 더 가까이 위치하는 경우 등)으로써 정해진 방법에 의해 가치가 평

가된다. 백팀에 대한 점수의 총 합계에서 흑팀 점수의 합계를 **빼보자**. 나온 결과는 어느 정도까지 흑에 대한 백의 물질적, 위치적 우세를 설명해준다. 만일 이 차가 플러스면, 흑보다 백에 더 유리한 상태일 것이고, 차가 마이너스이면 백에 불리한 상태가 된다.

계산기는 세 수를 두는 동안 설정된 총 합계 점수의 차이가 어떻게 바뀔 수 있는지를 계산하고 가능한 세 수의 모든 조합 중에서 가장 최선의 수를 선택하고 이를 특별한 카드에 인쇄한다. 이렇게 '수(手)' 다른 형태의 체스 '전술'도 있다. 예를 들어, 계산할 때 상대편에 응수할 가능한 모든 수를 살피는 것이 아니라, '강한' 수만 살펴보는 것이다(체크, 따는 것, 공격, 방어 등). 또, 상대편이 특별히 강한 수를 둘 경우, 앞으로의 수를 셋만 보는 것이 아니라 더 앞으로의 수를 계산해 볼 수 있다. 말의 가치를 다른 척도를 사용하여 산정할 수 있다. 여러 가지 전술 선택에 따라 체스 게임 기계의 게임 유형을 변화시킬 수 있다 가 정해진다. 계산기가 한 수를 결정하는 시간은 매우 짧아서(프로그램의 형태 및 계산기 작동 속도에 달려있다) '초읽기'를 걱정할 필요는 없다.

물론 곧 두어야 할 세 수만 '생각' 할 수 있다는 사실은 기계를 하수(下手) '게이머' 훌륭한 체스 경기자들은 게임에서 10수 혹은 그 이상의 앞 수를 계산하여 조합하는 것을 볼 수 있다 라 할 수 있는 충분한 이유가 된다. 그러나 체스 게임 기계의 계산기술이 급속하게 향상되고 있는 현 상황을 고려하면 이 기계가 머지않아 보다 훌륭한 체스 게이머가 될 가능성을 배제할 수는 없다. 실제로 현대에는 체스를 두는 컴퓨터가 개발이 되었고 세계 체스 챔피언인 카스페로프와 시합을 하기도 했다—옮긴이 여기서 체스 게임 프로그램 구성에 관한 자세한 설명을 하기는 어렵다. 하지만 어느 정도 단순화된 프로그램 형태를 다음 장의 '계산기의 원리' 에서 살펴보도록 하자.

7. 세 개의 2

하나의 숫자(단, 자연수)를 세 번 사용하여 만들 수 있는 가장 큰 수를 어떻게 구하는지 다들 알고 있을 것이다. 여러분이 생각한 대로 하나의 숫자를 세 번 사용하여 만들 수 있는 가장 큰 수는 다음과 같다.

$$9^{9^9}$$

즉, 9의 아홉 제곱의 아홉 제곱이다.

이 수는 무엇에 비유해도 그 크기를 명확히 설명할 수 없을 만큼 엄청나게 큰 수이다. 눈에 보이는 세상의 전자(電子electron)의 수를 다 더한다 해도 이 수보다는 턱없이 작다. 《페렐만의 살아있는 수학2−수의 세계》에서 이미 이와 관련하여 언급했었다. 다시 이 문제를 짚어보는 것은 여기서는 새로운 유형을 여러분에게 제안하기 위해서 이다.

다음과 같은 일련의 문제를 한번 풀어보자.

어떤 연산기호도 사용하지 말고, 숫자 2를 세 번 이용하여 만들 수 있는 수 중 가장 큰 수는 무엇인가?

풀 이

아마도 여러분은 바로 위에서 접한 엄청나게 큰 수 때문에 그 충격으로 이 경우 역시 같은 방법으로 해결하려 할 것이다.

$$2^{2^2}$$

그러나 이 경우에는 기대했던 효과를 얻지 못한다. 위의 수는 그리 크지 않다. 222보다도 작다. 실제로 우리는 2^4, 즉 16을 구했을 뿐이다.

세 개의 2를 가지고 만들 수 있는 더 큰 수는 222도 아니고, $22^2(=484)$도 아닌 $2^{22}=4,194,304$ 이다.

이것은 수학에서 유사성에 따라 움직이는 것은 위험하다는 것을 잘 보여주고 있는 좋은 예이다. 유사성에 따라서 움직이는 것은 여러분을 잘못된 결론으로 끌고 가기 쉽다. 수학 문제를 풀 때에는 이런 것에 조심하고 또 조심해야 한다.

8. 세 개의 3

이제 당신은 다음 문제를 푸는데 좀더 신중을 기할 것이다.

연산기호를 사용하지 않고, 숫자 3을 세 번 사용하여 만들 수 있는 수 중 가장 큰 수는 무엇인가?

풀 이

앞에서와 같이 3의 세 제곱의 세 제곱은 우리가 원하는 가장 큰 수가 아니다. 왜냐하면,

3^{3^3}, 즉 3^{27}은 3^{33} 보다 작다.

$3^{33}(=5,559,060,566,555,523)$이 문제의 답이 된다.

9. 세 개의 4

연산기호를 사용하지 않고 숫자 4를 세 번 이용하여 만들 수 있는 수

중 가장 큰 수는 무엇인가?

이 경우, 만일 앞의 두 문제의 해결방법을 적용한다면

4^{44}이라고 생각 할 수 있다.

하지만 이것은 정답이 아니다. 왜냐하면 이 경우 4의 네 제곱의 네 제곱,

즉 4^{4^4}이 4^{44}보다 더 큰 수이기 때문이다. 실제로, $4^4 = 256$이므로 4^{256}는 4^{44}

보다 크다.

10. 세 개의 같은 수

일반적으로 임의의 숫자들은 거듭제곱의 거듭제곱 형태로 구성되면 거대한 수를 만든다. 그런데 왜 예외적인 경우가 생기는 것일까? 그 이유를 밝혀보자. 먼저 일반적인 경우를 살펴보자.

동일한 숫자 세 개를 이용하여 연산기호 없이 만들 수 있는 수 중 가장 큰 수를 만들어보자.

다음 숫자의 배열 2^{22}, 3^{33}, 4^{44}에서 숫자를 알파벳 a로 일반화 시키자.(단, a는 자연수이다.)

a^{10a+a}, 즉 a^{11a}

거듭제곱의 거듭제곱은 다음과 같은 일반적인 형태를 갖는다.

a^{a^a}

a가 어떠할 때 거듭제곱의 거듭제곱으로 구성하는 것이 앞의 방법보다

더 큰 수를 만드는지 살펴보자. 두 경우 모두 같은 정수를 밑으로 하는 거듭제곱이므로 지수가 큰 쪽이 더 큰 수가 된다. 따라서 a가 어떤 경우 다음과 같은 조건을 만족하는지 살펴보면 된다.

$a^a > 11a$

부등식의 양변을 a로 나누면

$a^{a-1} > 11.$

a^{a-1}이 11 보다 크려면, a가 3보다 커야 한다는 것을 쉽게 알 수 있다. 왜냐하면 3^2과 2^1의 값은 11보다 작은데 $4^{4-1} > 11$이기 때문이다.

이제는 이전 문제들을 풀 때 부딪혔던 일정하지 않았던 규칙이 이해된다. a가 2 또는 3이면 지수가 $10a+a$인 경우에 지수가 a^a 때보다 더 큰 수를 만들 수 있다. 그러나 a가 4이상의 수인 경우는 그 반대다.

11. 네 개의 1

연산기호를 사용하지 않고 숫자 1을 네 번 사용하여 만들 수 있는 수 중 가장 큰 수는 무엇인가?

풀이

물론 머리 속에 떠오르는 수 1,111은 문제의 답으로 부족하다. 왜냐하면

11^{11}

이 몇 배나 크기 때문이다. 11을 11번 곱하기. 웬만한 인내심 없이는 할 수

없는 일이다. 이럴 때 로그표를 이용하면 금방 그 크기를 알 수 있다(로그에 대해서는 7장에서 살펴보도록 하자).

이 수는 2,850억을 넘는 수로서 1,111보다 2억 5,680만 배나 크다.

12. 네 개의 2

위의 문제에서 한발 더 나아가 숫자 2를 네 번 사용하는 경우를 살펴보자.

위의 문제와 같은 조건하에서 어떤 방법으로 만들어진 수가 가장 큰 수가 되는가?

풀 이

다음은 연산기호 없이 숫자 2를 네 번 사용하여 만들 수 있는 모든 경우의 수들이다. 모두 8가지 경우가 있다.

$2{,}222, \ 222^2, \ 22^{22}, \ 2^{222}$

$22^{2^2}, \ 2^{2^{22}}, \ 2^{2^{2^2}}, \ 2^{2^{2^2}}$

이 중 어떤 수가 가장 클까?

첫 번째 수 2,222는 두 번째 수 보다 작은 것은 확실하다. 다음 두 수

$222^2, \ 22^{22}$

를 비교하기 위해 수를 변화시키자.

$22^{22} = 22^{2 \times 11} = (22^2)^{11} = 484^{11}$

484^{11}의 밑과 지수 모두 222^2보다 크므로 22^{22}은 222^2 보다 크다.

이제 22^{22}와 2^{222}를 비교해 보자. 만일 2^{222}이 22^{22}보다 큰 수인 32^{22}보다 더 크다면 2^{222}은 22^{22}보다도 큰 수라는 것을 알 수 있다. 실제로,

$$32^{22} = (2^5)^{22} = 2^{110}$$

은 2^{222}보다 작다.

따라서 지금까지 비교한 수들 중 가장 큰 수는 2^{222}이다. 이제 총 다섯 개의 수, 즉 지금 얻은 것과 다음 네 가지를 비교하는 것이 남았다.

$$22^{2^2}, \ 2^{2^{22}}, \ 2^{2^{22}}, \ 2^{2^{2^2}}$$

마지막 수는 2^{16}과 같고, 그래서 제일 먼저 이 경기에서 낙오된다. 다음에 떨어지는 수는 22^{2^2}로써 이 수는 22^4와 같은데, 이 수는 32^4 또는 2^{20}보다 작고, 그 다음 두 수보다도 작다. 따라서 세 수가 비교대상으로 남는데, 모두 2의 거듭제곱의 형태이다. 세 수 모두 2의 거듭제곱이므로 지수가 큰 수가 가장 큰 수가 되는 것은 당연하다. 세 개 지수

$$222 \ ; \ 484 \ ; \ 2^{20+2}(=2^{10 \times 2} \times 2^2 = 1,000^2 \times 4 = 10^6 \times 4) \ 중에$$

마지막 수가 확실히 가장 크다.

그러므로 우리가 찾는 가장 큰 수는 숫자 2 네 개를 다음과 같이 구성한 수가 된다.

$$2^{2^{22}}$$

상용로그표를 사용하지 않고도, 우리는 이 수의 근사값을 구할 수 있다

$$2^{10} = 1,000$$

따라서

$$2^{22} = 2^{20} \times 2^2 = 4 \times 10^6,$$

$$2^{2^{22}} = 2^{4,000,000} > 10^{1,200,000}$$

이렇게 이 수는 숫자 1 뒤에 0이 백만 개 이상이 붙은 거대한 수가 된다.

공기의 무게는 얼마일까

큰 수를 거듭제곱 형태로 표현하여 사용하면 계산이 얼마나 간편해지는지 다음 예를 통해 확인해 보자.

지구의 무게가 지구를 둘러싸고 있는 대기의 전체무게보다 얼마나 더 무거운지 알아보자.

지구의 표면적 $1cm^2$당 약 $1kg$의 공기가 누르고 있다. 이것은 밑면의 면적이 $1cm^2$인 공기 기둥의 무게가 $1kg$이라는 의미이다. 지구의 대기층은 모두 이런 공기 기둥들로 이루어졌다고 볼 수 있다. 지구의 표면적이 몇 cm^2인가에 따라 공기 기둥의 수를 알 수 있고, 그러면 전체 대기의 무게가 몇 kg이 되는지 알 수 있다. 과학편람(handbook)을 보면, 지구의 표면적이 5억 1000만, 즉 $51 \times 10^7 km^2$ 인 것을 알 수 있다.

$1km^2$를 cm^2로 환산해 보자. 길이 $1km$는 $1000m$이고, $1m$는 $100cm$이므로, $1km$는 $10^5 cm$가 되고, $1km^2$는 $(10^5)^2 = 10^{10} cm^2$ 가 된다. 지구 전체 표면적은 다음과 같다.

$$51 \times 10^7 \times 10^{10} = 51 \times 10^{17} cm^2$$

그러므로 지구 대기의 무게도 같은 수의 kg이 된다. 무게의 단위를 톤으로 바꿔보면 다음과 같다.

$$51 \times 10^{17} \div 1,000 = 51 \times 10^{17} \div 10^3 = 51 \times 10^{(17-3)} = 51 \times 10^{14}\ \text{톤}.$$

지구 무게는 6×10^{21} 톤이라고 한다.

지구 자체의 무게가 지구 대기의 무게보다 몇 배나 더 무거운지를 알기 위해 지구의 무게를 지구 대기의 무게로 나누어 보면

$$(6 \times 10^{21}) \div (51 \times 10^{14}) = 10^6,$$

즉, 대기의 무게는 대략 지구 무게의 백만 분의 일정도 된다.

어떤 물건이 탄다는 것은 고온에서만 일어날까

장작이나 석탄이 왜 고온에서만 타느냐고 화학자에게 묻는다면, 화학자는 어떻게 대답할까? 대답은 다음과 같다. 탄소와 산소의 반응은 이를 산화반응, 줄여서 산화라고 한다—옮긴이 엄격히 말하면 모든 온도에서 일어난다. 그러나 낮은 온도에서는 이 과정이 너무나도 느리게 진행되므로 (즉, 정말 무의미하게 적은 수의 분자가 반응한다) 우리가 육안으로 확인할 수 없다. 화학반응 속도를 규정하는 법칙에 의하면 온도가 $10^\circ C$ 떨어지면 반응 속도 (반응에 참가하는 분자 수)는 두 배 느려진다고 한다.

목재(탄소)와 산소가 결합하는 반응, 즉 장작의 연소과정을 살펴보자. 불꽃의 온도가 $600^\circ C$일 때 1초당 $1g$의 목재가 탄다고 하자. 그러면 온도

가 $20°C$일 때 $1g$의 목재가 타려면 어느 정도의 시간이 필요할까? 위에서 말했듯이 $10°C$ 당 반응 속도가 두 배로 떨어지므로, $580=58×10°C$ 낮은 온도에서 반응속도는 2^{58}배 느려진다. 즉 $1g$의 장작은 2^{58}초 동안 타게 된다.

2^{58}초를 년으로 환산하면 얼마나 될까? 우리는 2를 58회 곱하거나, 상용로그표를 보지 않고도 근사값을 구할 수 있다.

$$2^{10}=1024≒10^3$$

이므로

$$2^{58}=2^{60-2}=2^{60}÷2^2=\frac{1}{4}×2^{60}=\frac{1}{4}×(2^{10})^6≒\frac{1}{4}×10^{18}$$

즉, 백 경(경은 조의 일만 배이다)의 $\frac{1}{4}$초 정도된다. 1년은 약 3천만 초(정확히는 $60×60×24×365=31,536,000$초), 즉 약 $3×10^7$ 초이다. 그러므로

$$(\frac{1}{4}×10^{18}) ÷ (3×10^7)=\frac{1}{12}×10^{11}≒10^{10}년$$

백억 년! 목재 $1g$이 불꽃과 열기 없이 산화되는 대략의 시간이 이렇다.

이렇듯, 목재나 석탄은 상온에서 타지 않는 것 같지만 사실 서서히 타고 있는 것이다. 그러므로 불을 일으키는 도구의 발명은 이 지나치게 길고 느린 과정을 10억 배 단축시킨 위대한 일이었다.

날씨의 경우의 수

날씨는 다양한 요인들의 상호관계로 발생하기 때문에 날씨를 이야기할 때는 여러 가지 기준을 고려하여야 하지만, 여기에서는 한 가지 기준

만으로 날씨를 구분하기로 하자. 하늘이 구름에 덮였나 또는 아닌가. 즉 단지 맑은 날인지 흐린 날 인지만 구분할 것이다. 이러한 조건하에서 일 주일 동안의 날씨 구성이 같지 않은, 즉 각기 다른 순서로 배열되는 경우는 모두 몇 주(周)가 될까?

그리 많을 것 같지는 않다. 두 달이 지나면 주당 맑은 날과 흐린 날의 모든 조합은 끝날 것이고, 그 때면 이미 만들어진 조합들 중 한 가지가 반복되기 시작한다.

이상의 조건으로 정확하게 몇 개의 다양한 조합을 만들 수 있는지 계산해보자.

먼저, 한 주에 몇 가지 경우로 맑은 날과 흐린 날이 있을 수 있는지를 알아보자. 첫 날은 맑을 수도, 흐릴 수도 있다. 즉 두 가지 '경우'만 있을 뿐이다. 이틀 동안 가능한 맑은 날과 흐린 날의 조합은 다음과 같다.

맑음, 맑음

맑음, 흐림

흐림, 맑음

흐림, 흐림

이틀 동안에 가능한 날씨의 경우의 수는 2^2이다. 3일 동안은 앞의 이틀 동안의 4가지 조합에 셋째 날에 해당되는 두 개의 조합이 더 붙는다. 모든 경우의 수는 다음과 같다.

$2^2 \times 2 = 2^3$

4일 동안 가능한 경우의 수는

$2^3 \times 2 = 2^4$

5일 동안에는 2^5, 6일 동안에는 2^6, 결국 한 주 동안에는 $2^7 = 128$가지 종류의 조합이 만들어진다.

이로써, 똑같은 순서로 흐림과 맑음이 반복되지 않는 주는 총 128 주임을 알 수 있다. $128 \times 7 = 896$일이 지나면 이전에 있었던 조합이 반복되는 것을 피할 수 없다. 물론 그 전에도 중복될 수 있지만, 896일이라는 것은 이 기간이 지난 후의 되풀이는 확률적으로 불가피하다는 것을 의미한다. 다시 말해, 만 2년 이상(정확히 2년과 166일)은 일주일 간의 날씨 구성이 중복되지 않고 나타날 수 있다.

02

대수학 언어

❀

대수학 언어란 곧 방정식을 일컫는 말입니다. '수 또는 크기에 관한 문제를 풀기 위해서는 일상의 언어를 대수학적 언어로 바꾸기만 하면 된다.'라고 뉴턴은 자신의 대수학 교과서 중 〈종합 산수〉 장에 쓰고 있습니다. 그리고 뉴턴은 예를 들어 일상의 언어를 어떻게 대수학적 언어로 바꿀 수 있는지 보여주었습니다.

일반적으로 방정식을 푸는 것은 그다지 어렵지 않은 일입니다. 오히려 주어진 문제를 방정식으로 바꾸는 것이 훨씬 더 어렵습니다.

우리는 방정식을 만드는 기술이, 사실은 '일상의 언어를 대수학 언어로' 변환하는 능력임을 확인할 수 있습니다. 대수학 언어는 아주 간결합니다. 그래서 일상의 언어 표현 하나하나를 대수학 언어로 변환시킨다는 것은 보통 어려운 일이 아닙니다. 이 장에서 나오는 1차 방정식을 만드는 일련의 예를 보면서 우리 독자들은 언어전환이 얼마나 이려운 것인지를 다시 한번 확인할 수 있게 될 것입니다.

1. 디오판토스의 삶

위대한 고대의 수학자 디오판토스 Diophantod, 246?~330? 그리스의 수학자, 대수학의 아버지 또는 기호의 아버지라고 불리며, 대표적 저서로 《산학 Arithmetica》이 있다-옮긴이 의 생애에 관하여 우리가 알고 있는 것은 거의 없다. 그의 묘비에 쓰여진 글귀만으로 디오판토스의 생애를 짐작할 따름이다. 비문(碑文)은 다음과 같은 수학문제 형식으로 쓰여져 있다. 비문에 적힌 글귀를 대수학적 언어로 한번 바꿔 보자.

일상의 언어	대수학적 언어
나그네여! 여기에 디오판토스의 유해가 묻혀있네. 그의 생애가 얼마나 놀랍도록 길었는지 수로 말해주겠네.	x
삶의 $\dfrac{1}{6}$은 더 할 나위 없이 좋은 유년시절이었다.	$\dfrac{x}{6}$

일상의 언어	대수학적 언어
인생에서 또 $\frac{1}{12}$이 흘렀다. 그때 솜털이 턱을 덮었다.	$\frac{x}{12}$
디오판토스는 인생의 $\frac{1}{7}$을 아이 없는 결혼생활로 보냈다.	$\frac{x}{7}$
그리고 5년이 흘렀다. 그에게 훌륭한 아들이 태어났고 행복했다.	5
운명은 그의 아들에게 멋지고 환한 지상의 삶을 아버지 것의 절반만 주었다.	$\frac{x}{2}$
지상에서 가장 슬픈 운명을 타고난 노인은 아들을 잃고, 깊은 슬픔 속에서 4년을 더 살다 죽음을 받아들였다.	$x = \frac{x}{6} + \frac{x}{12} + \frac{x}{7} + 5 + \frac{x}{2} + 4$

디오판토스는 몇 해를 살고 죽음을 맞았는지 말해 보시오.

풀이

방정식을(x에 관한 일차방정식 $x = \frac{x}{6} + \frac{x}{12} + \frac{x}{7} + 5 + \frac{x}{2} + 4$) 풀면 $x = 84$를 구할 수 있고, 디오판토스 일생에 관하여 알 수 있다. 그는 21세에 결혼을 해서, 38세에 아버지가 되었고, 80세에 아들을 잃었으며 84세에 세상을 떠났다.

2. 말과 노새

일상의 언어에서 대수학 언어로 바꿀 수 있는 별로 어렵지 않은 옛날 문제가 또 하나 있다. 그 내용은 다음과 같다.

    말과 노새가 등에 무거운 짐을 지고 나란히 걸어가고 있었다. 말은 자신이 지고 가는 무거운 짐에 대해 불평하였다. 그러자 노새는 "내가 네게서 짐 한 자루를 가지고 오면, 내 짐은 네 것에 비해 2배 무거워질 것이다. 그러나 만일 네가 내 등에서 짐 한 자루를 가지고 가면 네 짐은 내 짐과 똑같아질 것인데 뭘 그렇게 투덜거리는 거야?"라고 말에게 말했다.

    현명하신 수학자들이여, 말은 몇 자루의 짐을 지고 있으며 노새는 몇 자루의 짐을 지고 있는가?

풀 이

말의 짐을 x, 노새의 짐을 y라고 하자.

만일 내가 네게서 짐을 하나 가져오면	$x-1$
내 짐은	$y+1$
두 배 더 무거워진다.	$y+1=2(x-1)$
만일 네가 내게서 짐을 하나 가져가면	$y-1$
네 짐은	$x+1$
내 것과 똑같아진다.	$y-1=x+1$

우리는 두 개의 미지수 x와 y를 갖는 일차 연립방정식을 만들었다.

$y+1=2(x-1)$를 정리하면 $2x-y=3$

$y-1=x+1$을 정리하면 $y-x=2.$

위의 두 식을 연립하여 풀면 $x=5$, $y=7$을 구할 수 있다. 따라서 말은 5자루의 짐을, 노새는 7자루의 짐을 옮기고 있다.

3. 네 형제

네 형제에게 45루블 _{러시아의 화폐 단위–옮긴이} 의 돈이 있었다. 만일 첫째가 가진 돈이 2루블 증가하고, 둘째가 가진 것은 2루블 적어지고, 셋째의 것은 두 배 증가하고, 넷째의 것이 2배 감소한다면 네 형제가 가지고 있는 돈은 모두 같아진다. 각각 얼마씩 가지고 있었나?

풀 이

첫째가 가진 돈	x
둘째가 가진 돈	y
셋째가 가진 돈	z
넷째가 가진 돈	t

네 형제에게 45루블의 돈이 있다.	$x+y+z+t=45$
첫째에게 2루블이 더 생기고,	$x+2$
둘째에게 2루블이 적어지고,	$y-2$
셋째의 돈은 2배 늘어나고,	$2z$
넷째의 돈은 2배 줄어들면,	$\dfrac{t}{2}$
네 형제의 돈은 모두 같아진다.	$x+2=y-2=2z=\dfrac{t}{2}$

마지막 일차방정식을 정리하면

$x+2=y-2,$

$x+2=2z,$

$x+2=\dfrac{t}{2},$

y, z, t를 x에 관해 풀어보면

$y=x+4$

$z=\dfrac{x+2}{2}$

$t=2x+4$

이것을 첫 번째 방정식 $(x+y+z+t=45)$에 대입하면

$x+x+4+\dfrac{x+2}{2}+2x+4=45$

이것을 정리하면 $x=8$이 되므로, $y=12$, $z=5$, $t=20$을 구할 수 있다.

이렇듯, 형제들은 각각 8루블, 12루블, 5루블, 20루블의 돈을 가지고 있었다.

4. 강변의 새

11세기 아랍의 한 수학자가 만든 문제다.

강 양편에 야자수가 서로 마주보며 자라고 있었다. 한 나무의 높이는 30큐빗 고대의 척도로, 팔꿈치에서 가운뎃손가락 끝까지의 길이를 나타낸다. 1큐빗 .45cm−옮긴이, 다른 나무는 20큐빗이었고, 두 나무 사이의 거리는 50큐빗이었다. 두 나무 꼭대기에는 각각 새가 한 마리씩 앉아 있었다. 두 마리의 새는 물고기 한 마리가 두 나무 사이의 한 지점에서 물 밖으로 튀어오르는 것을 보았다. 그 두 마리의 새는 일순간에 날아가 물고기를 동시에 잡아챘다(단, 두 마리의 새는 동일

한 속도로 날아갔다고 가정).

그렇다면 더 높은 나무가 있는 위치로부터 얼마나 떨어진 거리에서 물고기가 나타난 것인가?

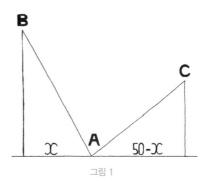

그림 1

풀 이

그림에서 더 높은 나무로부터 물고기가 튀어오른 지점까지의 거리를 x라 하고, 피타고라스의 정리를 이용하면 다음 식을 만들 수 있다.

$$\overline{AB}^2=30^2+x^2, \quad \overline{AC}^2=20^2+(50-x)^2$$

그런데 두 마리의 새가 이 거리를 같은 시간에 날아 갔으므로 $\overline{AB}=\overline{AC}$이다. 따라서

$$30^2+x^2=20^2+(50-x)^2$$

이 식을 정리하면 $100x=2,000$이라는 일차방정식이 된다. 그러므로 $x=20$. 즉, 물고기는 높이 30큐빗의 야자수로부터 20큐빗 떨어진 수면 위로 튀어올랐던 것이다.

5. 산책

"내일 오후 나에게 들러주게나." 나이든 의사가 젊은이에게 말했다.

"예 그러지요. 저는 3시에 집에서 나오겠습니다. 선생님께서도 산책하실 생각이라면, 같은 시간에 나와 길 중간에서 만나시지요."

"자네는 내가 노인이라는 것을 잊어버렸군. 나는 1시간 동안 열심히 걸

어도 3km밖에 못 가는데, 자네는 아무리 천천히 걸어도 1시간 동안 4km
는 가지 않는가? 내게 작은 특혜를 줘도 되지 않겠나?"

"그러죠. 제가 선생님보다 1시간에 1km를 더 걸을 수 있으니, 공평하
게 선생님께 1km를 더 드리죠. 다시 말해 제가 15분 먼저 집에서 나가겠
습니다. 충분하시겠습니까?"

"매우 고마운 제안인걸" 나이든 의사는 얼른 동의했다.

젊은이는 약속한 대로 집에서 2시 45분에 나와서 4km/hr의 속력으로
걸었다. 그리고 나이든 의사는 정각 3시에 나와 3km/hr의 속력으로 걸
었다. 서로 만났을 때 의사는 젊은이를 데리고 다시 자신의 집으로 돌아
갔다.

젊은이는 자기 집으로 되돌아와서야 15분의 특혜로 인해, 자기가 그 할
아버지 의사보다 총 2배를 더 걸은 것이 아니라, 4배 더 걸었다는 사실을
깨달았다.

할아버지 의사의 집으로부터 이 젊은이의 집은 얼마나 멀리 떨어져 있
었을까?

풀 이

나이든 의사의 집으로부터 젊은이의 집까지의 거리를 x (km)라고 하자.
젊은이는 총 $2x(km)$를 걸었고, 나이든 의사는 4배 적은 $\frac{x}{2}$ (km)를 걸었
다. 그렇다면 두 사람이 만날 때까지, 나이든 의사는 자신이 걸은 전체 거리
의 반인 $\frac{x}{4}$ (km)를 걸었고, 젊은이는 그 나머지인 $\frac{3x}{4}$ (km)를 걸었음을 알
수 있다. 그러므로 각자의 출발지점에서부터 둘이 만난 지점까지 오는데 걸

린 시간은 나이든 의사는 $\frac{x}{12}$ 시간, 젊은이는 $\frac{3x}{16}$ 시간임을 알 수 있다. 또한 앞에서 젊은이가 나이든 의사보다 길에서 $\frac{1}{4}$ 시간 즉, 15분을 더 보냈다는 것을 알고 있으므로 다음과 같은 일차방정식을 만들 수 있다.

$$\frac{3x}{16} - \frac{x}{12} = \frac{1}{4}$$

이것을 풀면 $x=2.4km$ 이다.

즉 젊은이의 집에서 나이든 의사의 집까지 거리는 2.4km다.

6. 벌초 조합

러시아의 유명한 물리학자 찐거 A. V. Tsinger 1870~1934, 러시아의 물리학자 겸 식물학자, 톨스토이의 집을 자유스럽게 드나들 수 있도록 허가된 사람이었다-옮긴이 는 톨스토이에 관한 회고록에서 이 위대한 작가가 무척 마음에 들어 했던 문제 하나를 소개했다.

벌초 조합원들은 두 군데의 목초지를 벌초해야 했다. 그런데 두 군데의 목초지 중 하나는 다른 목초지에 비해 두 배 넓었다. 반 나절 동안 조합원들은 큰 목초지의 풀을 베었다. 그 후 조합원들은 반씩 나뉘어 절반은 큰 목초지에 남아 저녁까지 풀을 모두 베었고, 나머지 절반은 작은 목초지로 가서 저녁까지 풀을 베었으나 다 끝내지 못하고 조합원 한 명이 하루 동안 작업 해야 하는 분량을 남겨 놓았다.

조합원수는 모두 몇 명이었을까?

그림 2

이 경우 우리가 찾는 미지수 x, 즉 조합원의 수 외에, 조합원 한 명이 하루에 벌초할 수 있는 땅의 면적을 y라는 또 다른 미지수로 나타내어 문제를 쉽게 해결할 수 있다.

위의 미지수 x, y를 가지고 큰 목초지의 면적을 나타내보자. 큰 목초지는 x명의 조합원이 반나절 동안 풀을 베었다. 조합원들은 $x \times \frac{1}{2} \times y = \frac{xy}{2}$ 의 면적을 벌초하였다.

오후 반나절은 조합원의 반만이, 즉 $\frac{x}{2}$ 가 그곳에 남아 큰 목초지의 풀을 다 베었다, 즉 그들은 $\frac{x}{2} \times \frac{1}{2} \times y = \frac{xy}{4}$ 의 면적을 벌초한 것이다.

저녁까지 목초지의 풀을 다 베었으므로 큰 목초지의 전체 면적은 다음과 같다.

$$\frac{xy}{2} + \frac{xy}{4} = \frac{3xy}{4}$$

이제는 x, y로 작은 목초지의 면적을 나타내보자. 작은 목초지는 $\frac{x}{2}$ 조합원들이 반나절 동안 풀을 베었고, 그 면적은 $\frac{x}{2} \times \frac{1}{2} \times y = \frac{xy}{4}$ 이 된다. 벌초하지 않고 남아있는 땅의 면적 y (1일 작업시간 동안 조합원 한 명이 벌초할 수 있는 면적)를 더하면 작은 목초지의 전체 면적이 나온다.

$$\frac{xy}{4} + y = \frac{xy + 4y}{4}$$

'큰 목초지는 작은 목초지보다 2배 넓다.' 라는 문장을 대수학적 언어로 전환시키면 다음과 같은 일차방정식을 만들 수 있다.

$$\frac{3xy}{4} \div \frac{xy+4y}{4} = 2, \text{ 또는 } \frac{3xy}{xy+4y} = 2$$

방정식 좌변의 y를 소거하면 방정식은 다음과 같은 형태가 된다

$$\frac{3x}{x+4} = 2, \text{ 또는 } 3x = 2x + 8,$$

풀어보면 $x=8$.

조합원은 모두 8명이었다.

《페렐만의 살아있는 수학3-대수학》책 초판 인쇄 후 찐거 교수는 나에게 이 문제와 관련된 상세하고 정말 흥미로운 편지를 보내왔다. 그는 편지에 '이 문제가 대수학이라고 할 수도 없는 단순한 산수임에도 불구하고 단지 고정관념을 벗어난다는 것이 문제를 어렵게 한다.'고 하면서 다음과 같은 이야기를 해 주었다.

문제의 내용은 이렇습니다. 아버지와 삼촌 라예프스키(톨스토이의 친한 친구)가 모스크바대학 수학부에 재학할 당시에는 일종의 교생활동 같은 것이 있었습니다. 학생들은 대학에 할당된 시내의 학교를 방문하여, 경험 많은 노련한 선생님들과 함께 교육실습을 해야 했지요. 아버지와 삼촌의 친구들 중에는 뻬뜨로프란 학생이 있었는데, 그는 굉장히 재능 있고 독창적인 사람으로 인정받고 있었습니다. 뻬뜨로프는 (폐결핵인가로 매우 젊은 나이에 죽었다고 합니다.) 기존의 수학

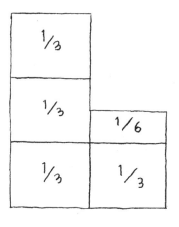

그림 3

수업의 형태가 틀에 박힌 문제와 그 해결방법을 학생들에게 가르쳐 학생들을 망치고 있다고 확신했지요. 그는 자신의 생각을 증명하기 위해 새로운 문제들을 만들었는데, 그 문제가 늘상 다루던 유형이 아니라는 이유로 '경험 많고 노련한 선생님들은' 곤혹스러워 했으나, 아직 학습으로 망쳐지지 않은 보다 유능한 학생들은 쉽게 문제를 해결했지요. 이런 문제(뻬뜨로프는 몇 가지를 만들었다)중에는 바로 벌초 조합에 관한 문제도 들어 있습니다. 물론 경험이 많은 선생님들은 방정식을 이용하여 쉽게 문제를 해결했지만, 더 단순한 산술적 풀이방법은 미처 생각하지 못했지요. 어쨌든 그 문제는 대수학적 장치들이 전혀 필요 없는 간단한 문제였죠.

만일 큰 목초지를 반나절 동안은 모든 조합원이 그리고 나머지 반나절은 조합원의 절반이 모두 벌초했다면, 확실한 것은 조합원 절반이 반나절 동안 목초지 $\frac{1}{3}$ 을 벌초했다는 것입니다. 따라서 작은 목초지에 벌초되지 않은 부분은 $\frac{1}{2} - \frac{1}{3} = \frac{1}{6}$ 이 되지요. 조합원 한 사람이 하루에 목초지 $\frac{1}{6}$ 을 벌초하고, $\frac{6}{6} + \frac{2}{6} = \frac{8}{6}$ 이 이미 벌초되었다면, 조합원은 8명이었다는 얘기입니다. 아버지는 이 문제를 톨스토이에게 알려드렸죠. 이 위대한 작가는 쉽게 알아채기 힘든 교묘한 속임수들이 들어있는 문제를 좋아했지요. 그후 저는 이미 노인이 된 톨스토이와 이 문제에 관하여 이야기 나눌 기회가 있었는데, 이 문제는 가장 원시적인 설명도(그림 3)를 이용하면 보다 분명하고 확실하게 풀린다는 것을 말씀드렸더니 무척 감탄하시더군요.

다음의 몇 가지 문제들 역시 조금만 생각한다면 굳이 대수학을 이용하기보다는 산술적 방법으로 간단하게 풀린다는 것을 알 수 있다.

'학문을 연구할 때 법칙보다 더 유용한 것은 문제들이다.' 뉴턴은 《일반산수》에서 이와 같이 기술하면서 몇몇 예를 들고, 그 옆에 이론적 해석을 달아 놓았다. 그 예들 중에는 목초지에서 방목되는 소에 관한 문제와 같이 독특한 종류의 문제들도 있다. 그 문제를 한 번 살펴보자.

목초지에서 자라는 모든 풀은 동일한 밀도와 동일한 성장속도로 자란다고 가정하자. 70마리의 암소는 목초지의 풀을 24일 동안 다 먹어버리고, 30마리 암소는 60일 동안 다 먹는다. 96일 동안 목초지의 풀을 모두 먹으려면 몇 마리의 암소가 있어야 하는가?

그림 4

이 문제는 체호프의 단편 〈가정교사〉 (페렐만의 살아있는 수학2-수의 세계에서 우리는 여기에 관련된 문제를 볼 수 있다-옮긴이)를 상기시키는 우스개 이야기의 주제가 되기도 한다. 학교에서 이 문제를 과제로 받은 학생의 친척 두 명(어른)이 문제를 풀기 위해 안간힘을 쓰나 성공하지 못했다.

"뭔가 이상한 게 나오네. 만일 24일 동안 70마리의 암소가 목초지의 모든 풀을 먹어버린다면, 96일 동안 몇 마리의 암소가 풀을 다 먹을 수 있을까? 물론, 70마리의 $\frac{1}{4}$, 즉 17과 $\frac{1}{2}$ 마리의 암소야. 말이 안 되지. $\frac{1}{2}$ 마리라니. 30마리 암소가 60일 동안 풀을 다 먹는다면 몇 마리의 암소가 96일 동안 풀을 다 먹을 것인가? 이건 더 말이 안 되는군. 18과 $\frac{3}{4}$ 마리의 암소가 나오니 말이야. 그리고 만일 70마리 암소가 24일 동안 풀을 다 먹는다면, 30마리의 암소는 56일 동안 다 먹게 되는 거지. 즉 문제에서 주어진 조건과 일치하지 않는거야. 그러니 이것도 안 되고. 이거 정말 모르겠는걸."

문제를 풀던 친척 중 한 명이 말했다.

"풀이 줄곧 자라고 있다는 것도 계산한 거야?"

문제를 풀던 다른 친척이 물었다

이치에 맞는 지적이었다. 풀은 쉼 없이 자라는데, 만일 이것을 고려하지 않는다면 문제를 풀 수 없을 뿐만 아니라 문제의 조건 자체가 모순되는 것이다.

그렇다면 이 문제는 어떻게 풀어야 하나?

풀 이

우선 구하고자 하는 암소의 마리 수를 미지수 x로 놓자. 그리고 하루에 자라는 풀의 양을 미지수 y로 하자. 즉, 하루에 풀은 y만큼 자란다. 예를 들면 24일 동안 $24y$만큼 자라게 되는 것이다.

만일 목초지에 있는 기존의 풀 전부를 1로 놓는다면 24일 동안 소가 먹은

풀의 양은

$1+24y$ 이다.

또한 하루 동안 70마리의 소가 먹은 풀의 양은

$\dfrac{1+24y}{24}$,

따라서 한 마리의 소가 먹은 풀의 양은

$\dfrac{1+24y}{24\times70}$ 이 된다.

이와 같은 방법으로, 암소 30마리가 목초지의 풀을 60일 동안 먹었을 경우를 계산하면 소 한 마리가 하루 동안 먹은 풀의 양은

$\dfrac{1+60y}{30\times60}$ 이다.

위의 두 경우 모두 한 마리의 암소가 하루 동안 먹은 풀의 양이므로 그 양은 동일하다. 따라서

$\dfrac{1+24y}{24\times70}=\dfrac{1+60y}{30\times60}$,

여기서 이 y에 관한 일차방정식의 해를 구하면

$y=\dfrac{1}{480}$

y(하루 동안 자라는 풀의 양)의 값을 구했으므로 암소 한 마리가 하루 동안 처음부터 있었던 목초지의 풀을 얼만큼 먹었는지는 쉽게 구할 수 있다.

$\dfrac{1+24y}{24\times70}=\dfrac{1+24\times\dfrac{1}{480}}{24\times70}=\dfrac{1}{1600}$

드디어 문제의 해결을 위한 마지막 방정식을 만들면 다음과 같다.

만일 미지수가 소의 수 x라면

$\dfrac{1+96\times\dfrac{1}{480}}{96x}=\dfrac{1}{1600}$,

따라서 $x=20$.

즉 20마리의 암소가 96일동안 먹으면 목초지의 풀을 다 먹을 수 있다.

8. 뉴턴이 낸 문제

이번엔 황소에 관련된 뉴턴이 낸 문제를 살펴보자.

여기서 하나 짚고 넘어가야 할 것은 이 문제가 뉴턴이 직접 고안한 것이 아니라 민중들이 만들어낸 수학적 창작물이라는 것이다.

위에서 살펴본 목초지의 암소 문제에서와 마찬가지로 동일한 밀도를 가지고 동일한 성장속도로 자라는 풀로 뒤덮인 세 개의 목초지가 있다. 그 면적은 각각 $3\frac{1}{3}ha$, $10\ ha$, $24ha$ 이다. 첫 번째 목초지에서는 황소 12마리를 4주 동안 먹일 수 있고, 두 번째 목초지에서는 황소 21마리를 9주 동안 먹일 수 있다. 그렇다면 세 번째 목초지에서는 18주 동안 몇 마리의 황소를 먹일 수 있는가?

풀 이

우선 구하고자 하는 황소의 개체 수를 미지수 x로 놓고, $1ha$ 에서 1주 동안 자라는 풀의 양을 미지수 y로 놓자. 첫 번째 목초지에서 풀은 1주 동안 $3\frac{1}{3}y$ 증가하고, 4주 동안은 처음 $1ha$에 있었던 풀의 양보다 $3\frac{1}{3}y \times 4 = \frac{40}{3}y$만큼 증가한다. 여기서 첫 번째 목초지에서 4주 동안 황소 12마리가 먹은 풀의 양을 면적으로 바꾸어 생각하면

$(3\frac{1}{3} + \frac{40}{3}y)ha$이다.

이는 $(3\frac{1}{3} + \frac{40}{3}y)ha$의 목초지 풀을 황소들이 먹은 것과 같다. 한 주 동안 12마리 황소는 이 양의 $\frac{1}{4}$을 먹었고, 1마리의 황소는 한 주 동안 전체 풀의 $\frac{1}{48}$을 먹었다

$(3\frac{1}{3} + \frac{40}{3}y) \div 48 = \frac{10+40y}{144}\ ha$ ·········①

유사한 방법으로, 두 번째 목초지 자료를 가지고 1 주일 동안 한 마리의 황소를 먹일 수 있는 목초지의 면적을 구할 수 있다.

1ha에서 한 주 동안 풀이 자라는 양=y,

1ha에서 9주 동안 풀이 자라는 양=$9y$,

10ha에서 9주 동안 풀이 자라는 양=$90y$.

9주 동안 21마리의 황소를 먹일 수 있는 풀을 가지고 있는 목초지의 총면적은

$10+90y$ ha이다.

따라서 1주 동안 한 마리의 황소를 먹이기에 충분한 면적은

$$\frac{10+90y}{9 \times 21} = \frac{10+90y}{189} \cdots\cdots\cdots ②$$

그리고 ①과 ②는 같다. 따라서

$$\frac{10+40y}{144} = \frac{10+90y}{189}$$

이 방정식을 풀면 y값을 구할 수 있다 $y = \frac{1}{12}$

이제는 한 주 동안 한 마리의 황소를 먹이기에 충분한 풀의 양, 즉 1주 동안 1마리의 황소를 먹일 수 있는 목초지 면적을 구해 보도록 하자.

$$\frac{10+40y}{144} = \frac{10+40 \times \frac{1}{12}}{144} = \frac{5}{54}$$

마침내 문제의 해답에 접근하였다. 위에서 우리가 구하기 원하는 황소의 수를 미지수 x로 하였으므로

$$\frac{24+24 \times 18 \times \frac{1}{12}}{18x} = \frac{5}{54},$$

따라서 $x=36$이다. 즉, 세 번째 목초지에서는 18주 동안 36마리의 황소를 먹일 수 있다.

9. 시계 바늘 바꾸기

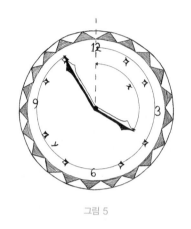

그림 5

위대한 물리학자 A. 아인슈타인의 친구인 전기 작가 A. 모슈코프스키는 아인슈타인이 병들어 누워있을 때 친구의 기분을 풀어주기 위하여 다음과 같은 문제를 냈다.

"시계의 긴 바늘과 짧은 바늘'이 모두 12에 있다고, 즉 정각 12시라고 가정해봐. 만일 이 상태에서 큰 바늘과 작은 바늘이 자리를 바꾼다 해도 시각은 변함없이 12시가 되겠지. 하지만 시각이 다른 경우, 예를 들어, 정각 6시에서 시계의 두 바늘이 서로 바뀐다면 정상적으로 가는 시계에서는 발생할 수 없는 황당한 경우가 발생하게 되지. 왜냐하면 시침이 12를 가리킬 때 분침은 6에 설 수 없으니까. _{분침이 6을 가리키면 시침은 이미 12를 넘어 1로 향하는 어느 자리에 있기 때문이다 -옮긴이} 자, 이런 상황에서 재미있는 문제를 만들 수 있지. 시계의 긴 바늘과 짧은 바늘이 서로 바뀌어서 새로운 시각을 나타내되, 그 시각이 정상적인 시계에서와 다름없는 그런 상황은 언제 그리고 얼마나 자주 나타날 수 있을까?"

모슈코프스키가 물었다.

"정말로 이 문제는 병원 침대에 누워있어야 하는 사람들의 기분전환을 위해서 아주 적합하군. 굉장히 흥미로우면서도 그렇다고 너무 쉬운 문제도 아니고. 단지, 문제를 즐기는 시간이 길지 않을 것 같아 아쉽네. 나는 벌써 해결 방법을 찾았거든."

아인슈타인은 대답했다.

그리고는 아인슈타인은 침대에서 일어나 앉아 종이에 몇 개의 선을 사용하여 문제에서 요구하는 조건을 그림으로 그렸다.

"이런! 내가 문제를 생각해낸 시간보다 더 짧은 시간에 문제를 풀어버렸군."

모슈코프스키가 말했다.

병석에 누운 아인슈타인은 이 문제를 어떻게 풀었을까?

풀 이

숫자 12가 표시된 지점을 기준으로 원을 60등분으로 나누어서 눈금을 표시하고 이것을 기준으로 시계바늘이 위치한 지점까지의 거리를 측정해 보도록 하자.

우리에게 필요한 시계바늘의 위치가 시침이 숫자 12에서 x눈금만큼 떨어져 있고, 분침은 y눈금만큼 떨어져 있다고 하자. 시침은 12시간 동안 60눈금을, 즉 한 시간에 5눈금씩 움직이므로, 시침은 x지점을 $\frac{x}{5}$시간 걸려서 지나간다고 말할 수 있다. 다시 말해, 시계가 정각 12시를 가리키고 나서 $\frac{x}{5}$시간이 흘렀다는 말이다. 분침은 y눈금을 y분, 즉 $\frac{y}{60}$시간 동안 지나왔다. 다시 말해 분침은 숫자 12를 $\frac{y}{60}$시간 전에 지나왔거나, 또는 두 바늘이 숫자 12에 위치한 후 $\frac{x}{5} - \frac{y}{60}$시간이 경과한 후에 분침이 다시 숫자 12를 지나간다는 것을 의미한다. 즉 이것은 정각 12시로부터 시간 단위로 지나온 것을 나타내므로 0에서 11까지의 자연수 값을 갖게 된다.

시계의 분침과 시침의 위치를 바꾸면, 마찬가지의 방법으로 정각 12시로부터 시간 단위로 지나온 것을 나타내는 자연수의 값을 갖게 된다.

따라서 다음과 같은 방정식을 만들 수 있다.

$$\begin{cases} \dfrac{x}{5} - \dfrac{y}{60} = m, \\ \dfrac{y}{5} - \dfrac{x}{60} = n, \end{cases}$$

여기서 m과 n은 0부터 11까지의 자연수이다.

이 두 개의 방정식을 연립하여 풀면

$$x = \frac{60(12m+n)}{143}$$
$$y = \frac{60(12n+m)}{143}$$

x, y값을 구하기 위해 m과 n에 0부터 11까지의 자연수를 대입했을 경우, 모든 경우의 수는 12×12=144가지이다. 즉 12개의 m값은 각각 12개의 n값과 대응된다. 그러나 실제 모든 경우의 수는 143개 이다. 왜냐하면, $m=0, n=0$일 때 그리고 $m=11, n=11$ 일 때는 두 개의 시계 바늘이 같은 위치에 놓이기 때문이다.

$m=11, n=11$일 때 $x=60, y=60,$

즉 시계는 정각 12시를 가리키고, $m=0, n=0$ 일 때도 동일한 상황이 된다.

모든 경우를 살펴보는 것은 독자에게 맡기겠다. 여기서는 단지 2개의 예만 살펴보자. 첫 번째 예는

$m=1, n=1$인 경우이다. 그것은 $x = \dfrac{60 \times 13}{143} = 5\dfrac{5}{11}, y = 5\dfrac{5}{11}$

즉 시계는 1시 $5\dfrac{5}{11}$분을 가리키고, 이 순간 두 개의 바늘은 겹쳐진다. 물론 시침과 분침을 바꾸어도 정상적인 시계에서의 시간이 나와야 한다는 문제의 조건을 만족시킨다(시계바늘이 겹쳐지는 다른 모든 경우들에서와 같이).

두 번째 예는

$m=8, n=5$일 때

$x=\dfrac{60(5+12\times 8)}{143}\fallingdotseq 42.38, \quad y=\dfrac{60(8+12\times 5)}{143}\fallingdotseq 28.53.$

일치하는 시간은 8시 28.53분, 5시 42.38분.

이 문제의 답이 143가지라는 것을 알고 있으므로 우리는 우리가 필요한 시계 판 위의 모든 점을 찾아내기 위해서 시계 판을 143부분으로 동일하게 나누어야 한다. 143개의 점이 미지수가 되는 것이다. 우리에게 필요한 위치가 이들 점 사이에 위치하는 것은 불가능하다.

10. 시계 바늘의 일치

정상적으로 가는 시계에서 시침과 분침이 겹치는 경우는 몇 번이나 있을까?

풀이

우리는 앞의 문제를 해결하기 위해 만들어 둔 방정식을 이용할 수 있다. 만일 시침 및 분침이 정확히 겹쳐진다면 두 바늘의 위치를 바꿀 수 있다. 그래도 변하는 것은 아무것도 없다. 이 경우 두 바늘은 숫자 12로부터 같은 거리의 눈금만큼을, 즉 $x=y$을 지난다. 이렇게 앞의 문제에서 고찰되었던 논리로 다음 방정식을 유도할 수 있다.

$\dfrac{x}{5}-\dfrac{x}{60}=m,$

여기서 m은 0에서 11까지의 자연수이다. 이 방정식을 x에 관해 풀면

$$x = \frac{60m}{11}$$

대입 가능한 12개의 m의 값에서 우리는 12개가 아니라, 단지 11개의 다양한 시계바늘의 위치를 찾을 수 있다. 왜냐하면 $m=11$일 때 우리는 $x=60$, 즉 두 바늘이 60칸의 눈금을 지나(즉, 시계 판을 한 바퀴 돌아) 12에 위치함을 알 수 있다. $m=0$ 일 때도 똑같은 상황이 된다.

11. 상상의 난센스

완전히 황당무계하게 보이는 문제가 있다.

$8 \times 8 = 54$라면 84는 무엇과 같을까?

이 이상한 문제는 그 의미를 파악하기만 하면, 방정식을 통해서 쉽게 풀이할 수 있다.

문제를 풀어보자.

풀 이

아마 당신은 문제에 들어있는 수가 십진법으로 쓰여진 것이 아니라는 것을 짐작했을 것이다(그렇지 않으면 '84는 무엇과 같을까'는 난센스 문제가 될 것이다). 모르는 진법의 바탕을 x라고 하자. 그러면 수 '84'는 두 번째 자리의 8과 첫 번째 자리의 4를 의미한다, 즉

'84' $=8x+4$.

수 '54'는 $5x+4$를 의미한다.

방정식 $8 \times 8 = 5x+4$, 즉 십진법에서 $8 \times 8 = 64$이므로 $64 = 5x+4$, 따라

서 $x=12$이다.

쓰여진 수는 12진법으로 나타낸 것이고, '84'=8×12+4=100. 그러므로 8×8='54'라면, '84'=100, 즉 84는 십진법에서의 숫자 100과 같다.

이런 종류의 또 다른 문제도 위와 같은 방법으로 풀 수 있다.

5×6=33일 때, 100은 무엇과 같나?

답 : 81(9진법)

12. 방정식은 우리를 배려한다

만일 방정식을 이용하여 문제를 해결하는 것보다 당신의 통찰력에 의해 문제를 해결하는 것이 더 낫다고 생각한다면 다음 문제를 풀어보아라.

아버지는 32세, 아들은 5세이다. 몇 년 후 아버지의 나이는 아들 나이의 10배가 되는가?

풀 이

구하고자 하는 기간을 x로 놓자. x해가 지나 아버지가 32+x가 되고 아들은 5+x가 된다. 그러면 아버지의 나이는 아들보다 10배 많아지므로 다음 방정식이 성립된다.

$32+x=10(5+x)$

방정식을 풀어보면, $x=-2$가 나온다.

여기서 '마이너스 2년 지나'는 '2년 전'이란 의미이다. 우리가 방정식을 세워 문제를 해결하기 전 우리는 미래의 상황만을 고려했다. 그러나 이 경우

이미 아버지의 나이는 2년 전에 아들 나이의 10배였다(이런 상황은 과거에 만 가능한 것이다). 방정식은 우리보다 더 사고력 있고, 우리가 생각하지 못 한 일을 기억했다.

13. 뜻밖의 결과

경험이 적은 수학자들은 가끔 어떤 방정식을 해결하는데 있어 예기치 못한 경우를 만나 궁지에 몰리는 때가 있다. 다음의 몇 가지 예가 바로 그 런 경우이다.

I. 다음 특성을 가지는 두 자릿수를 구하여라.

일의 자리 숫자 보다 4 적은 십의 자리 숫자로 이루어진 두 자릿수가 있다. 이 수의 십의 자리 숫자와 일의 자리 숫자를 바꾸어 원래의 수와의 차를 구하면 27이 나온다. 이 두 자릿수는 무엇인가?

II. 앞 문제의 조건을 조금 변화시키면, 생각지도 못한 또 다른 문제에 부딪히게 된다. 십의 자리 숫자가 일의 자리 숫자보다 4가 작은 것이 아 니라 3이 작고, 나머지 조건은 위와 동일하다고 하자. 구하고자 하는 수 는 무엇일까?

III. 다음과 같은 특성을 갖는 세 자릿수를 구하여라.

1) 십의 자리 숫자는 7이고

2) 백의 자리 숫자는 일의 자리 숫자보다 4가 작고

3) 백의 자리 숫자와 일의 자리 숫자의 위치를 바꾸면 새로 만들어진 수는 원래의 수보다 396 크다.

풀 이

I.

십의 자리 숫자를 x로, 일의 자리 숫자를 y로 놓으면 쉽게 방정식을 만들 수 있다.

$x=y-4$

$(10y+x)-(10x+y)=27$

두 번째 방정식에 x 대신 $y-4$를 대입하면

$10y+y-4-[10(y-4)+y]=27$

이 식을 정리하면

$36=27$

미지수 x, y는 없어지고, 우리가 이 연립방정식에서 얻은 것이라곤 $36=27$ 뿐이었다. 이것은 무엇을 의미하는가?

이것은 주어진 조건을 만족시키는 두 자릿수는 존재하지 않는다는 것과 성립된 두 방정식은 서로에게 모순된다는 것을 의미할 뿐이다.

실제로 첫 번째 방정식의 좌변과 우변에 9를 곱하면

$9y-9x=36$

두 번째 방정식을 괄호를 풀어 정리하면

$9y-9x=27$

따라서 첫 번째 방정식에 의하면 $9y-9x$는 36이고, 두 번째 방정식에 의

하면 27이 나와야 한다. 여기서 모순이 발생한다. 즉 36≠27이므로 절대 불가능하다.

다음 방정식도 역시 마찬가지 경우이다.

$x^2y^2=8 \cdots$ ①

$xy=4 \cdots$ ②

x,y가 0이 아니므로 첫 번째 방정식을 두 번째 방정식으로 나누면

$xy=2 \cdots$ ③

얻어진 (③의) 방정식을 두 번째 방정식과 비교하면

$$\begin{cases} xy=4, \\ xy=2, \end{cases}$$

즉 4=2이다. 이것은 모순이다(지금 살펴본 것과 같은 풀이가 불가능한 방정식은 '양립할(동시에 존재할) 수 없는 방정식' 이라고 한다).

II.

방정식을 세워보자. 십의 자리 숫자를 x라고 한다면, 일의 자리 숫자는 $x+3$이다. 문제를 대수학 언어로 바꾸면

$10(x+3)+x-[10x+(x+3)]=27$

따라서 계산을 하면 27=27라는 항등식이 나온다.

이 등식은 논란의 여지가 없으나 x 값에 대해선 아무 말도 해줄 수 없다. 이것은 문제의 주어진 조건을 만족시키는 미지수 x가 없다는 의미인가?

오히려 그 반대로, 이것은 우리가 만든 방정식이 항등식, 즉 어떤 값이 x에와도 식이 성립한다는 의미이다. 실제로, 일의 자리 숫자가 십의 자리 숫자보다 3큰, 모든 두 자릿수는 문제에서 보여진 특성을 가지고 있음을 예를 통해 쉽게 확인할 수 있다.

$$14+27=41, \quad 47+27=74,$$
$$25+27=52, \quad 58+27=85,$$
$$36+27=63, \quad 69+27=96$$

Ⅲ

일의 자리 숫자를 x라 하면 다음 방정식이 만들어 진다.

$$100x+70+x-4-[100(x-4)+70+x]=396$$

이 방정식을 정리하면

$$396=396$$

독자들은 이미 이 같은 결과를 어떻게 해석해야 하는지 알고 있다. 이 결과가 나타내고 있는 의미는 백의 자리 숫자가 일의 자리 숫자 보다 4 작은 모든 세 자릿수는 그 수를 역순으로 놓는다면 396이 커진다는 것이다. 십의 자리 수는 역할을 하지 않는다 지금까지 우리는 다소 작위적이고, 비현실적인(교과서적인) 문제를 살펴보았다. 이것은 우리가 방정식을 세우고 푸는 방법에 있어 다양한 경우에 익숙하게끔 하는데 그 목적이 있다. 이론으로 무장된 지금은 몇 개의 실제적인 문제, 즉 공장, 일상, 군부대, 스포츠 분야에서 예들을 살펴보자.

14. 미장원에서

대수학이 과연 미용실에서노 필요할까? 나의 경험에 의하면 미용실에서도 대수학이 필요했다. 어느 날 미장원에서 미용사가 나에게 다가와 예기치 않은 부탁을 하였다.

"우리가 도저히 해결할 수 없는 문제가 하나 있는데 도와주시지 않겠어요?"

"이것 때문에 벌써 용액을 얼마나 망쳤는지 몰라요!" 다른 사람이 거들었다.

"무슨 문제인데요?" 내가 물었다.

"우리에게는 두 가지의 과산화수소 용액이 있습니다. 30%짜리와 3%짜리죠. 그런데 필요한 것은 12%의 과산화수소 용액이거든요. 어떻게 섞어야 하는지 모르겠어요."

나에게 종이가 주어졌고, 필요한 비율은 구해졌다.

매우 간단한 문제였다. 어떤 방법으로 풀면 될까?

풀이

문제는 산술적인 방법으로도 풀 수 있으나, 여기서는 대수학 언어를(즉 방정식을) 사용하는 것이 더 간단하고, 답도 빨리 얻을 수 있다. 12%의 용액을 만들기 위해서는 3% 용액에서 x 그램을 가져오고, 30% 용액에서 y그램을 가져와야 한다고 하자. 이때 첫 번째 분량에는 $0.03x$ 그램의 순수 수소 산화제가 포함되어 있고, 두 번째 분량에는 $0.3y$ 그램의 순수 수소 산화제가 포함되어 있다면, 모두 합쳐

$0.03x + 0.3y$.

결국 $(x+y)$그램의 용액이 얻어지는데, 그 중 순수 산화제는 $0.12(x+y)$가 되어야 한다. 따라서 다음과 같은 방정식이 만들어진다.

$0.03x + 0.3y = 0.12(x+y)$

이 방정식에서 $x=2y$, 즉 3% 용액을 30%용액보다 2배 더 써야 함을 알

수 있다.

15. 궤도 전차와 보행자

궤도 전차 길을 따라 걸어가다 보면, 매 12분마다 궤도 전차가 나를 따라잡고, 매 4분마다 내가 궤도 전차를 만난다는 것을 알 수 있다. 나도 궤도 전차도 일정한 속도로 움직인다.

궤도 전차는 종점에서 몇 분 간격으로 출발하는 걸까?

풀 이

만일 궤도 전차가 종점에서 x분 간격으로 출발한다면, 이는 내가 1대의 궤도 전차를 만났던 지점을 x분 후에 다음 궤도 전차가 지나감을 의미한다. 궤도 전차가 나를 따라잡는다면, 남은 $12-x$분 동안 다음 궤도 전차는 내가 12분 동안 지나온 그 길을 지나와야 하다. 곧, 내가 1분 동안 걸어온 길을 궤도 전차는 $\dfrac{12-x}{12}$ 분만에 지나온다.

궤도 전차가 나를 향해 달려온다면, 그 궤도 전차는 바로 앞의 궤도 전차가 떠나고 4분 경과 후 나를 만나는데, 남은 $(x-4)$분 동안 궤도 전차는 내가 4분 동안 지나온 그 길을 통과할 것이다. 따라서 내가 1분 동안 걸어온 길을 궤도 전차가 통과하는 데 $\dfrac{x-4}{4}$분 걸린다. 따라서 다음 방정식이 만들어진다.

$$\frac{12-x}{12} = \frac{x-4}{4}$$

여기서 $x=6$

즉, 궤도 전차는 6분 간격으로 출발한다.

또 다음과 같은 풀이 방법도(산술적 방법으로) 제안할 수 있다. 연이어 출발하는 두 궤도 전차 사이의 거리를 a라고 한다. 이때 나와 나를 향해 달려오는 전차 사이의 거리는 분당 $\frac{a}{4}$로 좁혀진다. 왜냐하면, 금방 지나간 전차와 다음 전차 사이의 거리가 a와 같기 때문에, 우리는 4분 동안 함께 지나간다. 전차가 나를 따라잡으면, 우리 사이의 거리는 매분 $\frac{a}{12}$만큼 감소한다. 이제는 내가 1분 동안 앞으로 전진했다가, 1분 동안 뒤로 돌아오는 것 (즉, 제자리로 돌아오는 것)을 생각해보자. 이때 최초로 나를 향해 달려오는 전차와 나 사이의 첫 번째 1분 동안의 거리는 $\frac{a}{4}$만큼 감소하고, 두 번째 1분 동안 (이때 전차는 이미 나를 따라 잡았다) $\frac{a}{12}$만큼 감소한다. 2분 동안의 우리 사이의 총 거리는 $\frac{a}{4} + \frac{a}{12} = \frac{a}{3}$이다. 내가 계속 한 자리에 서 있다고 한다 해도, 총계에서 나는 어차피 뒤로 돌아오므로, 같은 결과가 나온다. 이렇게, 내가 움직이지 않는다 해도 1분 동안 (2분 동안이 아니라) 전차는 $\frac{a}{3} \div 2 = \frac{a}{6}$만큼 나에게 다가오고, 전체 거리 a를 6분 동안 지나간다. 이는 움직이지 않고 서 있는 관찰자 옆을 전차가 6분 간격으로 지나감을 의미한다.

16. 증기선과 뗏목

증기선으로 A시에서 강 하구에 위치한 B시로 가는데 5시간(정차 역 없이) 걸린다. 반대 방향으로 강의 흐름을 거슬러서는 7시간(동일한 속력으로 움직이고, 중간에 정차하지도 않고) 걸린다. 만일 A에서 B로 뗏목으로 간다면 얼마의 시간이 걸릴까? 단, 뗏목의 속도는 강물이 흐르는 속도와 같다.

풀 이

유속이 0인 물에서 (즉 증기선의 고유속력으로 움직일 때) 증기선이 A에서 B까지 거리를 가는데 걸리는 시간을 x로 놓고, 뗏목을 이용했을 경우 걸리는 시간은 y로 놓자. 그러면 1시간 동안 증기선은 거리 AB를 지나고, 뗏목 (강물의 흐름)은 이 거리의 $\frac{1}{y}$ 만큼 움직인다. 그러므로 증기선은 강을 따라서 아래쪽으로 1시간 동안 거리 AB의 $\frac{1}{x}+\frac{1}{y}$ 만큼 가고, 위쪽으로는 (흐름을 거슬러서) $\frac{1}{x}-\frac{1}{y}$ 만큼 간다. 우리는 문제의 조건에서, 강을 따라서 증기선이 아래쪽으로 갈 때 1시간 동안 $\frac{1}{5}$ 거리를, 위쪽으로는 $\frac{1}{7}$ 을 간다는 것을 알고 있다.

$$속력 = \frac{거리}{시간}$$

$$\frac{\overline{AB}}{x} + \frac{\overline{AB}}{y} = \frac{\overline{AB}}{5}$$

$$\frac{\overline{AB}}{x} - \frac{\overline{AB}}{y} = \frac{\overline{AB}}{7}$$

거리이므로 $\overline{AB}\rangle 0$, 양변에서 $\overline{AB}$를 소지하면, 다음 형태를 얻는다.

$$\frac{1}{x} + \frac{1}{y} = \frac{1}{5}$$

$$\frac{1}{x} - \frac{1}{y} = \frac{1}{7}$$

이 연립방정식을 풀기 위해 굳이 분모를 없앨 필요는 없다. 그냥 첫 번째 방정식에서 두 번째 방정식을 빼고, 식을 정리하면 다음의 결과를 얻는다.

$$\frac{2}{y} = \frac{2}{35}$$

여기서 $y=35$

뗏목은 A에서 B까지 가는데 35시간 걸린다.

17. 커피 캔 두 개

모양과 재질이 같은 두 개의 캔에 커피가 들어있다. 첫 번째는 중량 $2kg$, 길이 $12cm$이고 두 번째 것은 $1kg$에 $9.5cm$이다. 캔의 무게를 뺀 커피만의 중량은 얼마일까?

풀이

첫 번째 캔 속의 커피의 무게를 x, 커피를 제외한 캔 자체의 무게를 z라고 하고, 두 번째 캔 속의 커피의 무게를 y, 캔만의 무게를 t라고 하자. 그러면

$$\begin{cases} x+z=2 \\ y+t=1 \end{cases}$$

커피를 포함한 캔의 무게는 캔의 부피와 비례하고 캔의 부피는 통조림 높

이 이 비율은 캔의 벽이 두껍지 않은 경우에만 허용하여 사용한다 (캔의 외부 및 내부 면이 정확하게 이야기하면 같지 않기 때문이다. 그리고, 이외에도 캔 내부 강(腔)의 높이는 엄격히 말해 캔 자체 높이와 다르기 때문이다) 의 세제곱과 같으므로

$$\frac{y}{x} = \frac{12^3}{9.5^3} \doteqdot 2.02 \text{ 또는 } x=2.02y$$

그리고 빈 캔의 무게는 캔 전체의 표면적과 비례하므로, 높이의 제곱과 같다.

$$\frac{z}{t} = \frac{12^2}{9.5^2} \doteqdot 1.60 \text{ 또는 } z=1.60t$$

위에서 구한 x와 z를 첫 번째 방정식에 대입시키면 다음과 같은 형태가 된다

$$\begin{cases} 2.02y+1.60t=2 \\ y+t=1 \end{cases}$$

위 두 방정식을 연립하여 풀면

$$y=\frac{20}{21}=0.95, \quad t=0.05$$

따라서 $x=1.92$, $z=0.080$이다.

포장 용기를 제외한 커피의 순수한 중량은 큰 캔에는 $1.92kg$, 작은 캔에는

0.94kg이다.

18. 파티

파티에 20명의 댄서가 있었다. 마리아는 7명의 남자 댄서와 춤을 추었고, 올가는 8명, 베라는 9명…… 이런 식으로 니나의 순서가 왔을 때 니나는 모든 남자 댄서들과 춤을 추었다. 과연 몇 명의 남자 댄서들이 파티에 있었나?

풀이

이 문제는 무엇을 미지수로 놓느냐에 따라 매우 쉽게 풀 수 있다. 남자 댄서의 수를 찾지 말고, 여자 댄서의 수를 미지수 x로 놓자.

첫 번째, 마리아는   6+1 남자 댄서와 춤을 추었다.
두 번째, 올가는   6+2 남자 댄서와 춤을 추었다.
세 번째, 베라는   6+3 남자 댄서와 춤을 추었다.

───────────────────────────

x 번째, 니나는   6+x 남자 댄서와 춤을 추었다.

따라서 다음과 같은 방정식이 성립된다.

$x+(6+x)=20$,

여기서

$x=7$,

따라서, 남자 댄서의 수는
20－7＝13명이 된다.

19. 해양 정찰

다음의 두 문제를 풀어보아라.

I. 함대의 일원으로 움직이는 정찰선 (정찰임무를 맡은 배)에 함대의 항해 방향 70 마일 지점을 살펴보라는 임무가 주어졌다. 함대의 속도는 시속 35마일, 정찰선 속도는 시속 70마일이다. 정찰선이 임무를 마치고 함대로 되돌아 오려면 얼마의 시간이 걸릴까?

II. 정찰선은 함대가 항해하는 방향을 앞서 정찰하라는 명령을 받았다. 3시간 후 이 정찰선은 함대로 되돌아 와야 한다. 정찰선의 속도는 60노트, knot 배의 속도로 1시간에 1해리(海里)를 달리는 속도, 1해리는 약 1,852m이다.─옮긴이 함대의 속도는 40노트라고 하면, 정찰선은 함대를 떠난 시각으로부터 몇 시간 후에 방향을 돌려 함대로 되돌아 와야 하는가?

그림 6

풀 이

I

정찰선이 임무를 마치고 함대로

돌아오는데 걸리는 시간을 미지수 x로 놓자. 이 시간 동안 함대는 $35x$마일을 갈 수 있고, 정찰선은 $70x$ 마일 항해할 수 있다. 정찰선은 70마일을 나아갔다 다시 되돌아 오는 어느 지점에서 그 길을 뒤따라오던 함대와 만나게 된다. 함대와 정찰선이 x시간 동안 움직인 거리는 모두 $70x+35x$이고, 이는 2×70마일이 된다.

그러므로

$70x+35x=140$

이 방정식을 풀면 $x=\dfrac{140}{105}=1\dfrac{1}{3}$ 이 나온다.

따라서 정찰선은 함대로 1시간 20분 경과 후 돌아오게 된다.

‖

만일 정찰선이 x시간 경과 후 방향을 돌려야 한다면, 이는 정찰선이 함대에서 x시간만큼 떨어져 있고 $3-x$ 시간 동안 함대를 향해 가야 한다는 의미이다. 모든 배가 한 방향으로 가고 있으므로 정찰선은 60노트의 속력으로 x시간 동안 항해해 $60x$의 거리만큼 앞으로 이동하게 되고, 따라서 x시간 동안 함대와 정찰선과의 거리는 $60x-40x=20x$가 된다.

정찰선이 함대로 되돌아 올 때 함대에 합류하기 위해 이동해야 하는 거리는 $60(3-x)$이고, 함대가 지나온 거리는 $40(3-x)$이 된다. 따라서

$60(3-x)+40(3-x)=20x$

위 방정식을 풀면 $x=2\dfrac{1}{2}$ 이 나온다.

그러므로 정찰선은 함대를 떠난 후 2시간 30분이 지나 항로를 바꿔 돌아서야 한다.

20. 경륜장

경륜장의 원형 트랙을 따라 두 명의 선수가 각기 일정한 속도로 달리고 있다. 두 사람이 서로 마주보고 달릴 때는 매 10초마다 서로 만난다. 서로 같은 방향으로 달릴 경우 한 사람은 매 170초마다 다른 사람을 지나친다. 원형트랙이 $170m$라면, 두 선수가 달리는 속도는 각각 얼마인가?

풀 이

첫 번째 선수가 $x(m/s)$의 속력으로 달린다면, 10초 동안 그는 $10x$미터를 달린다. 두 번째 선수도 첫 번째 선수와 처음 만난 지점으로부터 다음번 만날 지점까지 원형트랙의 남은 거리, 즉 $170-10x$미터를 지난다. 두 번째 선수의 속도가 $y(m/s)$ 라면 그가 달린 거리는 $10y$미터가 된다. 따라서

$$170-10x=10y$$

이번엔 두 선수가 같은 방향으로 서로 뒤 이어 달린다면, 170초 동안 첫 번째 선수는 $170x$미터를, 두 번째 선수는 $170y$미터를 달린다. 첫 번째 선수가 두 번째 선수보다 빠르다면 처음 만남에서 다음 만남까지 첫 주자는 1바퀴를 두 번째 주자보다 빨리 달리는 것이다. 즉

$$170x-170y=170$$

위의 두 방정식을 정리하면 다음을 구할 수 있다

$$x+y=17, \ x-y=1$$

연립하여 x, y의 값을 구하면

$x=9$, $y=8(m/s)$가 된다.

21. 오토바이 경주

오토바이 경주에서 세 대의 오토바이가 동시에 출발하였다. 1시간 뒤 마지막 지점에 두번째로 도착한 오토바이는 처음 도착한 오토바이와 $15km$ 의 거리를 두고 12분 늦게 도착했다. 하지만 세 번째보다는 $3km$ 앞서 3분 빨리 도착했다. 물론 세 대 모두 도중에 서는 경우는 없었다.

다음을 구하여라.

a) 트랙의 길이는?

b) 각각의 오토바이의 속도는?

c) 각각의 오토바이가 결승점까지 도착하는데 걸린 시간은?

풀 이

우리가 구해야 하는 것은 모두 7가지이다. 그러나 이를 위해 미지수 7개가 필요한 것은 아니다. 지금까지 연습한 대수학적 사고만 있으면 두 개의 미지수를 가지는 두 개의 방정식을 만드는 것만으로도 문제를 해결할 수 있다.

두 번째 오토바이의 속도를 x라고 하고, 트랙의 길이를 y라고 하자. 그러면 첫 번째 오토바이의 속도는 $x+15$이고 세 번째 오토바이의 속도는 $x-3$이다. 이때 각각의 오토바이가 결승점에 도착하기까지 걸린 시간은

첫 번째 오토바이 $\dfrac{y}{x+15}$

두 번째 오토바이

세 번째 오토바이 $\dfrac{y}{x-3}$

두 번째 오토바이는 트랙에서 첫 번째보디 12분(즉, 　시간) 더 달렸다. 그러므로 $\dfrac{1}{5}$

$$\frac{y}{x} - \frac{y}{x+15} = \frac{1}{5} \cdots ①$$

세 번째 오토바이는 트랙에서 두 번째보다 3분(즉, $\frac{1}{20}$ 시간) 더 달렸다. 따라서,

$$\frac{y}{x-3} - \frac{y}{x} = \frac{1}{20} \cdots ②$$

x, y의 값을 구하기 위해 ①−②×4를 하면

$$\frac{y}{x} - \frac{y}{x+15} - 4\left(\frac{y}{x-3} - \frac{y}{x}\right) = 0 \cdots ③$$

트랙의 길이와 속도는 모두 0이 아니므로 식 ③에 $\frac{1}{y}$ 을 곱해 y를 소거한 후 통분하면 다음과 같다.

$$(x+15)(x-3) - x(x-3) - 4x(x+15) + 4(x+15)(x-3) = 0$$

괄호를 풀어 식을 정리하면

$$3x - 225 = 0$$

따라서

$x = 75$가 된다.

우리가 구한 x값을 ①에 대입하면

$$\frac{y}{75} - \frac{y}{90} = \frac{1}{5}$$

따라서 $y = 90$이 된다.

따라서 각각의 오토바이의 속도는

$90km/hr, 75km/hr, 72km/hr$이다.

트랙의 총 길이$= 90km$.

트랙길이를 각각의 오토바이의 속도로 나누면 각각의 질주 시간을 구할 수 있다.

첫 번째 오토바이 …… 1시간

두 번째 오토바이 …… 1시간 12분

세 번째 오토바이 …… 1시간 15분

이제 우리가 알고자 했던 7개의 의문이 해결됐다.

22. 평균 주행속도

자동차로 A와 B 두 도시를 왕복하는데 A도시에서 B도시로 갈 때는 $60km/hr$의 속력으로 주행했고, 다시 A로 돌아올 때는 $40km/hr$의 속력으로 주행했다. 그렇다면 두 도시를 왕복했을 때의 평균 주행속도는 얼마인가?

풀 이

문제의 단순함은 많은 사람들로 하여금 섣불리 판단하게 하고, 오답을 내게 한다. 대부분의 사람들은 문제를 잘 살펴보지 않고, 60과 40의 산술 평균을 구한다. 즉 절반을 구한다.

$$\frac{60+40}{2}=50$$

이 '단순'한 풀이는 A도시에서 B도시로의 왕복주행이 일정한 시간에 이루어졌다면 올바른 답이 됐을 것이다. 그러나 B에서 A로 돌아올 때의 주행속도는 A에서 B로 갈 때 걸린 시간보다 더 많은 시간을 필요로 한다. 이점을 고려하면 답 $50km/hr$은 틀렸음을 납득할 수 있다.

실제로도 올바른 해결방법을 이용하면 평균 주행속도는 다르게 나온다. 우리가 구하고자 하는 평균 주행속도를 미지수 x라 하고, 두 도시 A와 B사이의 거리를 l 이라고 하자. 그러면 다음과 같은 방정식을 구할 수 있다.

$$\frac{2l}{x}=\frac{l}{60}+\frac{l}{40}$$

두 도시 사이의 거리 l 은 0이 아니므로, 위의 방정식을 l 로 나누면

$\dfrac{2}{x} = \dfrac{1}{60} + \dfrac{1}{40}$ 이다

따라서

$x = \dfrac{2}{\dfrac{1}{60} + \dfrac{1}{40}} = 48$

그래서 정답은 시속 50킬로미터가 아니라, 시속 48킬로미터이다.

만일 이 문제를 일반화시키면 즉, (자동차가 두 도시 A,B 사이를 속도 a km/hr로 갔다가, 속도 bkm/hr로 되돌아 왔다면) 다음 방정식이 만들어 진다.

$\dfrac{2l}{x} = \dfrac{l}{a} + \dfrac{l}{b}$,

따라서 x는

$\dfrac{2}{\dfrac{1}{a} + \dfrac{1}{b}} = \dfrac{2ab}{a+b}$ 이다.

여기서 x를 우리는 a, b에 대한 조화평균이라고 부른다.

이렇듯 평균 주행속도를 비롯하여 일이나 능률에 있어서는 산술평균값이 아닌 운행속도에 대한 조화평균값을 구해야 한다. 위에서 보았듯이 양수 a, b를 위한 조화평균은 산술평균 $\dfrac{a+b}{2}$ 보다 항상 작다. 48이 50보다 작듯이 말이다.

계산기의 원리

방정식에 관하여 이야기 할 때 계산기를 이용한 방정식 풀이라는 문제를 피해갈 수 없다. 컴퓨터가 발명되기 전에 이미 계산기는 존재했다. 여기서 이야기하는 계산기는 계산기의 초기 형태이며 컴퓨터의 조상이 되는 것이다. 현대에는 전혀 사용되고 있지 않는 계산기로 계산을 한 내용이 종이로 된 카드에 찍혀 나오는 형태의 것이다. 우리가 여기서 굳이 이것을 살펴보는 것은 컴퓨터의 원리는 이처럼 아주 단순하게 시작되었으며 그 속에는 대수학이라는 학문이 있다는 것을 보여주기 위해서이다-옮긴이

이미 우리는 계산기가 체스 게임을 할 수 있다는 것에 관해 언급한 적이 있다. 이 기계는 다른 업무들도 수행할 수 있는데, 예를 들어 한 언어를 다른 언어로 번역한다든지, 음악멜로디 편곡 등의 작업을 수행할 수 있다. 단지 기계를 작동시킬 수 있는 해당 '프로그램' 개발이 필요할 따름이다.

우리는 여기서 체스 게임 또는 언어 번역을 위한 '프로그램'을 살펴보기로 하자. 하지만 이 '프로그램' 전체는 굉장히 복잡하다. 그러므로 여기서 우리는 부분적인 아주 단순한 '프로그램' 두 개 만을 살펴 보도록 하겠다.

우선 계산기의 구조에 관해 몇 가지 언급할 필요가 있다.

계산기에는 식을 직접 실행하기 위하여 마련된 산술기관이 있다. 이 외에 계산기에는 기계적인 작업을 조절하는 제어장치와 기억장치가 있다.

기억장치, 즉 메모리는 숫자 및 조건적인 신호를 일시적으로 저장하기 위한 저장소다. 마지막으로 기계는 새로운 아날로그 데이터를 입력하여 얻은 결과를 출력하기 위한 장치를 갖추고 있다. 기계는 이 준비된 결과물을 인쇄한다 (이미 십진법으로).

모두가 알고 있듯이, 소리를 테이프에 녹음하고 또 재생할 수 있다. 테이프에 소리를 녹음한다는 것은 음파를 전기 신호로 바꾸어 특별한 테이프의 자성에 잔류자기의 변화를 이용하여 기록하는 것이다. 녹음된 소리는 필요한 만큼 재생할 수 있고 만일 녹음된 것이 필요 없을 경우에는 '지워버리고' 바로 그 테이프에 새로운 녹음을 할 수 있다. 이 한 테이프에 몇 개의 녹음을 이어서 할 수도 있고, 새롭게 녹음할 때마다 전의 것을 '지울 수도 있다'.

이 같은 원리는 기억장치의 작동 원리이기도 하다. 숫자 및 조건적인 신호는 기억 장치에 쓰여져 필요한 경우 쓰여진 수는 읽혀질 것이고, 더 이상 필요 없다면 지워버릴 수 있고, 그 자리에 다른 수를 쓸 수 있다. 수 또는 조건적인 신호를 '기억' 하고 '읽어' 내는 데는 수백만 분의 일 초 밖에 걸리지 않는다.

'기억장치 메모리' 는 수천 개의 셀(cell)로 이루어져 있으며 각각의 셀은 수십 개의 요소(element)들로 이루어져 있다. 이들 요소들 중에는 자기력(磁氣力)을 가지고 있는 것들도 있다. 2진법으로 수를 쓰기 위해서는 자기력을 가지고 있는 요소는 숫자 1로 나타내고, 자기력이 없는 요소를 숫자 0으로 표현한다고 약속하자. 예를 들어 각각의 셀에는 25개의 요소가 있다고 하자. 그러면 첫 번째 요소는 수가 양수인지 음수인지를 인식하

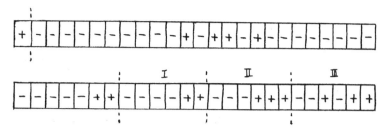

그림 7

고, 다음의 14가지 요소는 수의 소수점 이상의 부분을 표시하는데 사용되고, 다음의 10가지 요소는 소수점 이하의 부분을 표시하는데 사용된다. 그림 7에는 두 개의 셀이 그려져 있으며 각각의 셀에는 25개의 요소가 있다. 자기력을 가진 요소는 + 표시가 되어 있고, 자기력이 없는 요소는 − 표시로 되어 있다. 두 셀 중의 위의 것을 살펴보자(열 개의 요소 이하는 소수점 아래 값을, 이상은 소수점 위의 값을, 맨 처음의 요소는 수가 양수인지 음수인지를 나타낸다). 이곳에 나타난 수는 2진법으로 +1011.01 또는 우리에게 익숙한 십진법으로 표시를 하면 11.25가 쓰여있다.

메모리의 셀에는 수 외에 프로그램을 구성하는 명령어가 쓰여있다. 쓰리 어드레스 계산기(Three-address machine)의 지시어가 어떤 것인지 살펴보자. 이 경우, 지시어를 쓸 때 메모리 셀은 4 부분으로 나눠진다(그림 7의 아래 셀에서의 점선). 첫 번째 부분은 연산(演算)을 담당하고 있는 요소로 숫자로 쓰여진다.

예를 들어,

덧셈 — 연산1

뺄셈 — 연산2

곱셈 — 연산3 ……

명령어는 다음과 같이 풀어진다

셀의 첫째 부분 -- 연산 부호, 두 번째, 세 번째 부분 -- 연산을 실행하기 위한 수를 가져와야 하는 셀 번호(address), 네 번째 부분 -- 얻어진 결과를 보내는 셀 번호. 예를 들어, 그림 7의 아래 셀에서 이진수 11, 11, 111, 1011 즉, 십진수로 3, 3, 7, 11로 쓰여있는 이것은 다음과 같은 명령을 나타낸다.

셀의 세 번째, 일곱 번째에 위치한 수를 가지고 연산 3을 실행(즉, 곱셈)하고 얻어진 결과를 11번 째 방에 '기억하라' (즉, 쓰여진다)이다.

계속해서 우리는 수와 명령어를 그림 7에서와는 다르게 십진법의 형태로 써보자. 그림 7의 아래 줄에 보여진 명령을 쓰면

곱셈 3 7 11

이제는 지극히 간단한 프로그램 두 개의 예를 한번 보자.

프로그램1

1) 덧셈   4 5 4

2) 곱셈   4 4 →

3) 제어시스템을 전달   1

4) 0

5) 1

첫 번째 5개 셀에 이 데이터가 입력된 계산기가 어떻게 작동할 것인지 살펴보자.

첫 번째 명령: 4, 5번 셀에 입력되어 있는 수를 더하고, 결과를 다시 4번 셀로 보낸다 (이전에 쓰여진 것 대신). 이렇게 계산기는 수 0+1=1을 4번 셀에 입력시킨다. 첫 번째 명령을 수행한 후 4, 5번 셀에는 다음 숫자가 놓여 있게 된다.

4) 1

5) 1

두 번째 명령: 4번 셀에 있는 수를 자신에게 곱하고(즉 제곱하고), 결과, 즉 1^2을 카드종이에 쓴다(화살표는 준비된 결과를 출력함을 의미한다).

세 번째 명령: 제어 시스템을 1번 셀로 전달한다. 다르게 표현한다면 제어 시스템을 전달한다는 것은 모든 명령을 1번 셀에서부터 다시 순서대로 실행하라는 의미를 가지고 있다. 그러므로 다시 1번 셀로 간다.

첫 번째 명령: 4, 5번 셀에 있는 수를 더하고, 결과를 다시 4번 셀에 입력시킨다.

4번 셀에 있는 결과는 수 1+1=2가 된다.

4) 2

5) 1

두 번째 명령: 4번 셀에 있는 수를 제곱하고 얻어진 결과, 즉 2^2을 카드종이에 쓴다(화살표 – 결과 출력).

세 번째 명령: 제어 시스템을 1번 셀로 전달한다(다시 1번 명령으로 이동)

첫 번째 명령: 수 2+1=3을 4번 방으로 전송

4) 3

5) 1

두 번째 명령: 카드에 수 3^2 기록.

세 번째 명령: 제어 시스템을 1번 셀로 전달 등

우리는 계산기가 자연수의 제곱을 하나씩 계산하고 그것을 카드에 기록하고 있는 것을 볼 수 있다. 매번 새로운 수를 직접 선별할 필요가 없다는 것을 알 수 있을 것이다. 계산기가 직접 연속적으로 자연수를 선택하여 제곱을 수행한다. 기계는 이 프로그램에 따라 작동하며 모든 양의정수(즉, 자연수)의 제곱을 수 초(또는 몇 분의 1초) 동안에 실행한다.

주목해야 할 사실은, 자연수의 제곱을 구하는 것을 실제로 실행하는 프로그램은 위에서 보여진 것보다는 더 복잡하다. 이는 무엇보다도 두 번째 명령어 때문이다. 준비된 결과를 카드에 기록하는 것은 기계가 하나의 연산을 실행하는 것보다 몇 배나 더 많은 시간을 필요로 하기 때문이다. 그래서 준비된 결과들을 처음에 비어있는 메모리 셀에 기억시켜 두었다가, 그 후에 '서두르지 않고' 카드에 기록한다. 이런 방법으로, 첫 번째 마지막 결과는 1번의 빈 '메모리' 셀에 기억시키고, 두 번째 결과는 2번 셀에, 세 번째는 3번 셀에 기록을 한다. 이런 식으로 계속 기록이 된다. 위에서 살펴본 간소화된 프로그램에서는 이런 것이 전혀 고려되지 않았다.

보다 복잡한 형태의 명령들도 있지만, 지면(紙面) 관계로 여기서는 언급하지 않겠다.

1부터 10,000까지의 모든 정수들의 제곱을 계산하기 위한 프로그램을 한 번 살펴보자.

프로그램 1*a*

1) 덧셈 8 9 8

2) 곱셈 8 8 10

3) 덧셈 2 6 2

4) 제어 명령의 조건적 전달 8 7 1

5) Stop

6) 0 0 1

7) 10000

8) 0

9) 1

10) 0

11) 0

12) 0

....

처음 두 개의 명령은 앞서 살펴보았던 단순한 계산 프로그램과 큰 차이
를 보이지 않는다. 이 두 가지 지시를 실행한 후 8번, 9번, 10번 셀에는
다음의 숫자가 있을 것이다.

8) 1

9) 1

10) 1^2

세 번째 명령은 매우 흥미롭다. 2번, 6번 셀에 있는 수를 더해야 하고
결과를 다시 2번 셀에 쓴다. 그러면 2번 셀에는 다음 형태가 된다

2) 곱셈 8 8 11

보시다시피 세 번째 명령을 수행한 후에는 두 번째 명령어가 변화된다.

보다 정확히 말하자면 두 번째 명령어의 셀 번호를 가리키는 숫자가 변화된다. 무엇 때문에 이런 일이 일어나는지 자세히 살펴보자.

네 번째 명령: 제어 명령의 조건적인 전달(이전에 살펴 본 프로그램의 세 번째 명령 대신). 이 지시는 다음과 같이 실행된다.

만일 8번 셀에 있는 수가 7번 셀에 있는 수보다 작으면, 제어 명령은 1번 셀로 전달된다. 반대의 경우에는 다음 (즉 5번)명령이 실행된다. 위에서 우리는 1⟨10,000 이므로, 제어 명령의 전달은 1번 셀로 간다. 이렇게 다시 1번 셀의 명령으로 시작된다.

첫 번째 명령 실행 후 8번 셀에는 수 2가 있을 것이다.

다음 형태를 띠는 두 번째 명령은

2) 곱셈 8 8 11

수 2^2 이 11번 셀로 옮겨진다. 이제는 무엇 때문에 이전에 세 번째 명령이 실행되었는지 명확해졌다. 새로운 수, 즉 2^2은 이미 자리가 없는 10번 셀로 가는 것이 아니라, 다음으로 가야 한다. 첫 번째 및 두 번째 명령 실행 후 우리는 다음의 수를 얻게 된다.

8) 2

9) 1

10) 1^2

11) 2^2

세 번째 명령 실행 후 2번 셀은 다음 형태를 띤다.

2) 곱셈 8 8 12

즉, 계산기는 새로운 수를 12번 셀로 보낸다. 8번 셀에는 아직 9번 셀에 있는 것 보다 작은 수가 위치하고 있으므로 네 번째 명령은 다시 1번 셀로 제어 명령의 전달의 의미를 가진다.

이제는 첫 번째, 두 번째 명령 실행 후 다음을 얻는다.

8) 3

9) 1

10) 1^2

11) 2^2

12) 3^2

언제까지 기계는 이 프로그램에 따라 제곱계산을 수행할까? 8번 셀에 수 10,000이 나타날 때까지, 즉 1부터 10,000까지의 모든 정수의 제곱이 계산될 때까지다. 그 후에야 네 번째 명령은 1번 셀로 제어 명령의 전달이 이루어지지 않고 (8번 셀에 위치한 수가 7번 셀에 위치한 수보다 작지 않고, 같을 것이므로), 즉 네 번째 명령 후 계산기는 다섯 번째 명령(정지한다)을 수행할 것이다.

이제는 좀 더 복잡한 프로그램의 예를 살펴보자.

방정식 풀이에 대해서 알아보자. 여기서 우리는 간단한 방정식 풀이 프로그램을 살펴보고자 한다. 원한다면 독자 스스로가 이 프로그램이 전체적으로 어떤 형식이어야 하는지 생각해 보라.

다음과 같은 일차연립방정식의 해를 구해보자.

$$\begin{cases} ax+by=c, \\ dx+ey=f \end{cases}$$

우리는 굳이 계산기를 사용하지 않고도 쉽게 해를 구할 수 있다.

$$x = \frac{ce-bf}{ae-bd}, \quad y = \frac{af-cd}{ae-bd}$$

그러나 우리가 이 방정식의 해를 구하려면(주어진 상수 a, b, c, d, e, f를 가지고) 수십 초는 걸린다. 그러나 계산기는 이와 같은 방정식의 해를 1초에 수천 개도 구할 수 있다.

해당 프로그램을 살펴보자. 동시에 주어진 여러 개의 일차연립방정식 각각의 해를 구해보자.

그림 8과 같이 계수와 상수가 문자 $a, b,$ $c, d, e, f, a', b' \cdots$로 나타내어지는 일차연립 방정식들이 있다고 하자.

여기에 그림의 일차 연립방정식들의 해를 구하는 해당 프로그램이 있다.

그림 8

프로그램2

		26) a
1) ×28 30 20	14) + 3 19 3	27) b
2) ×27 31 21	15) + 4 19 4	28) c
3) ×26 30 22	16) + 5 19 5	29) d
4) ×27 29 23	17) + 6 19 6	30) e
5) ×26 31 24	18) 제어명령 전달 1	31) f
6) ×28 29 25	19) 6 6 0	32) a'

7) −20 21 20 20) 0 33) b'

8) −22 23 21 21) 0 34) c'

9) −24 25 22 22) 0 35) d'

10) ÷20 21 → 23) 0 36) e'

11) ÷22 21 → 24) 0 37) f'

12) +1 19 1 25) 0 38) a''

13) +2 19 2 ......

첫 번째 명령: 28번 셀과 30번 셀에 있는 수를 재생하고 결과를 20번 셀로 보낸다. 다시 말해, 20번 셀에는 수 ce가 쓰여진다.

이런 식으로 두 번째부터 여섯 번째까지의 명령이 실행된다. 실행 후 20번~25번 셀에는 다음 숫자가 위치한다.

20) ce

21) bf

22) ae

23) bd

24) af

25) cd

일곱 번째 명령: 20번 셀에 있는 수로부터 21번 셀에 있는 수를 계산하고, 결과를 (즉 $ce - bf$) 다시 20번 셀에 쓴다.

이런 식으로 여덟 번째와 아홉 번째 명령이 실행된다. 결과적으로 20번과 21번 셀에 다음 숫자가 나타난다.

20) $ce-bf$

21) $ae-bd$

22) $af-cd$

열 번째와 열한 번째 명령에서 다음과 같은 분수가 만들어지고

$$\frac{ce-bf}{ae-bd} \text{ 와 } \frac{af-cd}{ae-bd}$$

준비된 결과가 출력된다. 이 출력된 결과는 바로 첫 번째 일차연립방정식의 x,y 값이다. 즉, 우리가 구하고자 하던 해이다.

이렇게해서 첫 번째 방정식은 해결되었다. 왜 계속해서 지시어가 있는가? 프로그램의 뒷부분은 (12번~19번 셀) 계산기가 두 번째 일차연립방정식의 풀이를 '준비하게' 하는 역할을 한다. 어떻게 작동되는지 살펴보자. 열 번째에서 열일곱 번째까지의 명령들은 1번~6번 셀의 내용에 19번 셀에 있는 기록을 덧붙이는 것이고, 결과들은 다시 1번~6번 셀에 남는다. 이런 방법으로, 열일곱 번째 명령이 실행된 후 처음의 6개 셀은 다음의 모습을 가질 것이다.

1) ×34   36   20

2) ×33   37   21

3) ×32   36   22

4) ×33   35   23

5) ×32   37   24

6) ×34   35   25

열여덟 번째 명령: 1번 셀로 제어 명령의 전달.

처음 6개의 셀에서 새로운 기록은 이전의 기록들과 어떤 차이가 있는

가? 이 셀들에서 처음 두 개의 주소는 예전처럼 26에서 31의 번호를 갖는 것이 아니라, 32에서 37의 번호를 갖는다. 다시 말하자면, 계산기는 같은 행위를 반복해서 수행할 것이지만, 수는 26번~31번 셀에서 가져오는 것이 아니라, 두 번째 방정식의 계수와 상수가 있는 32번~37번 셀에서 가져온다. 그 결과로 계산기는 두 번째 일차연립방정식의 해를 구한다. 두 번째 일차연립방정식 풀이 후 계산기는 세 번째 일차연립방정식의 풀이로 넘어간다.

이렇듯 우리가 편리하고 빠른 계산기를 사용함에 있어 올바른 '프로그램'을 구성하는 것이 얼마나 중요한 지가 명확해졌다. 계산기는 '스스로' 어떤 일도 할 수 없다. 계산기는 단지 우리가 입력한 프로그램을 수행할 수 있을 뿐이다. 고차방정식 등을 계산하기 위한 루트계산이나 로그·사인계산 프로그램도 있다. 우리는 이미 앞에서 체스게임을 위한 프로그램이 존재하고, 외국어 번역을 위한 프로그램 등 여러 다양하고 실용적인 프로그램들도 있다는 것을 언급했다. 물론 보다 복잡한 문제의 해결을 위해서는 그에 맞는 프로그램이 필요하다.

끝으로 프로그램을 프로그래밍하는 것도 있다는 것을 말하고 싶다. 이 도움으로 기계가 문제 풀이를 위해 필요한 프로그램을 자체 구성할 수 있다. 이는 일반적으로 엄청난 양의 일을 요구하는 프로그램을 훨씬 더 수월하게 만든다.

03

연산에 유용한 방법들

❋

단순히 산술적 방법만을 이용해 어떤 문제를 푸는 경우, 자신이 도출해낸 답이 올바른
지 그렇지 않은지를 산술적 방법으로는 증명하기 힘들 때가 종종 있습니다.

이런 경우 우리는 대수학의 일반화 방법을 빌려 올 수 있습니다.

대수학을 기본으로 하는 계산의 종류는 매우 많습니다. 연산을 간략하게 하는 많은 정
리나 정의들이 있으며 특정한 수들이 가지고 있는 특성들을 이용한 법칙들도 있습니다.

그러한 유용한 방법들을 다 안다는 것은 거의 불가능할 것입니다. 이번 장에서는 이러
한 유용한 방법들의 유형들 몇 가지를 살펴봄으로써 대수학적 연산의 기본을 배워보도
록 하겠습니다.

1. 빠른 곱셈

계산을 잘하는 사람들은, 대개의 경우, 별로 복잡하지 않은 대수학적 변환을 이용하여 계산을 빠르고 쉽게 한다. 예를 들면, 988^2을 다음과 같이 계산한다.

$988 \times 988 = (988+12) \times (988-12) + 12^2 = 1{,}000 \times 976 + 144 = 976{,}144$

우리는 계산한 사람이 다음의 대수학 공식을 사용했다는 것을 쉽게 알 수 있다.

$a^2 = a^2 - b^2 + b^2 = (a+b)(a-b) + b^2$

실제로, 암산을 해야 하는 경우에도 이 공식은 유용하게 사용될 수 있다.

예를 들어

$27^2 = (27+3)(27-3) + 3^2 = 729,$

$63^2 = (63+3)(63-3) + 3^2,$

$18^2 = (18+2)(18-2) + 2^2,$

$37^2=(37+3)(37-3)+3^2,$

$48^2=(48+2)(48-2)+2^2,$

$54^2=(54+4)(54-4)+4^2$

이런 식으로 986×997의 경우는 다음과 같이 계산할 수 있다.

$986 \times 997 = (986-3) \times 1{,}000 + 3 \times 14 = 983{,}042$

이 경우 계산방법은 어디에 근거를 둔 것일까? 우선 곱하고자 하는 수들을 다음과 같은 모양으로 만들고,

$(1{,}000-14) \times (1{,}000-3)$

이 식을 대수학 법칙에 따라 전개하면

$1{,}000 \times 1{,}000 - 1{,}000 \times 14 - 1{,}000 \times 3 + 14 \times 3$

이제 이 식을 정리해보자.

$1{,}000(1{,}000-14) - 1{,}000 \times 3 + 14 \times 3 =$

$\qquad = 1{,}000 \times 986 - 1{,}000 \times 3 + 14 \times 3 =$

$\qquad = 1{,}000(986-3) + 14 \times 3$

풀이의 마지막 단계 $1{,}000(986-3)+14 \times 3$은 계산하는 사람이 어떤 방법을 사용했는지 알 수 있게 한다.

이번엔 두 수의 십의 자리 숫자는 서로 같고, 두 수의 일의 자리 숫자를 더하면 10이 되는 특성을 가진 세 자릿수의 곱을 계산하는 방법을 살펴보자. 이 또한 매우 흥미롭다. 예를 들어 783×787을 보도록 하자.

이것은 다음과 같이 계산된다.

$78 \times 79 = 6{,}162$

$3 \times 7 = 21$

그러므로 답은 616,221 이다.

위의 간단한 계산방법은 다음과 같은 과정을 통해 얻어진 것이다.

$(780+3)(780+7) =$

$$= 780 \times 780 + 780 \times 3 + 780 \times 7 + 3 \times 7 =$$

$$= 780 \times 780 + 780 \times 10 + 3 \times 7 =$$

$$= 780(780+10) + 3 \times 7 = 780 \times 790 + 21 = 616,200 + 21$$

더 간단하게 곱셈을 할 수 있는 계산법이 있다.

$783 \times 787 = (785-2)(785+2) = 785^2 - 4 = 616,225 - 4 = 616,221$

여기서 우리는 785라는 세 자릿수를 제곱해야 하는 상황에 이른다. 일의 자리 숫자가 5인 수의 제곱을 빨리 계산할 수 있는 매우 편리한 방법이 있다.

$35^2 \Rightarrow 3 \times 4 = 12$ 답 : 1225

$65^2 \Rightarrow 6 \times 7 = 42$ 답 : 4225

$75^2 \Rightarrow 7 \times 8 = 56$ 답 : 5625

이 계산 방법은 다음과 같다. 우선 십의 자리 숫자를 그보다 1이 큰 수에 곱하고, 얻어진 수 뒤에 25를 더 써넣는 것이다.

이것을 증명해 보자. 만일 십의 자리 숫자가 a라면, 주어진 수는 다음과 같다.

$10a+5$

이 수의 제곱은, 즉 $(10a+5)^2$이다.

이것은 $100a^2 + 100a + 25 = 100a(a+1) + 25$ 이다.

여기서 $a(a+1)$은 십의 자리 숫자 a에 a보다 1 큰 수인 $(a+1)$을 곱하는 것이다. 따라서 $a(a+1)$에 100을 곱하고 25를 더한(25를 뒤에 써넣는 것과 동일한 의미) 결과는 $(10a+5)^2$과 같다.

위의 계산법은 정수와 분수 $\frac{1}{2}$로 이루어진 수의 거듭제곱을 구하는 경우에도 적용될 수 있다. 예를 들어

$(3\frac{1}{2})^2 = 3.5^2 = 12.25 = 12\frac{1}{4}$,

$(7\frac{1}{2})^2 = 56\frac{1}{4}$, $(8\frac{1}{2})^2 = 72\frac{1}{4}$ 등.

2. 숫자 1, 5, 6

일의 자리 숫자가 1 또는 5인 수들의 곱은 그 계산 결과 나온 수의 일의 자리 숫자도 1 또는 5라는 사실은 누구나 알고 있을 것이다. 그러나 이와 같은 규칙이 일의 자리 숫자가 6인 경우에도 성립된다는 사실은 조금 덜 알려진 듯하다. 다시 말하자면, 일의 자리 숫자가 6인 수들의 곱은 일의 자리 숫자가 6이 된다.

예를 들어, $46^2 = 2,116$

$46^3 = 97,336$

숫자 1, 5, 6의 이러한 특징을 대수학적 방법으로 증명할 수 있다. 6의 특징을 살펴보자.

일의 자리 숫자가 6인 두 수를 $10a+6$과 $10b+6$라고 놓자. 단, a, b는 정수이다.

두 수를 곱하면 $(10a+6) \times (10b+6)$이 된다. 이를 전개하면 다음과 같다.

$$100ab+60b+60a+36=$$
$$=10(10ab+6b+6a)+30+6=$$
$$=10(10ab+6b+6a+3)+6$$

따라서 일의 자리 숫자는 항상 6일 수 밖에 없다.

같은 방법으로 일의 자리 숫자가 1 또는 5인 수들의 경우도 증명할 수 있다.

이상 언급된 내용으로 우리는 다음 예를 확신할 수 있게 된다.

386^{2567}의 일의 자리 숫자는 6이다.

815^{723} 의 일의 자리 숫자는 5이다.

491^{1732}의 일의 자리 숫자는 1이다.

3. 수 25와 76

숫자 1,5,6이 가지는 위와 같은 특성을 갖는 두 자릿수도 있다. 바로 25와 76이다. 76은 대부분의 사람들이 위의 특성을 가지리라 예상하지 못했던 수일 것이다. 끝의 두 자리 숫자가 76인 수들의 곱은 십의 자리 숫자가 7이고 일의 자리 숫자는 6이다.

이를 증명해 보자.

끝의 두 자리 숫자가 76인 두개의 세 자릿수를 각각 $100a+76$과 $100b+76$이라고 하자

이들 두 수의 곱 $(100a+76)\times(100b+76)$을 계산하여 정리하면

$$10,000ab + 7,600b + 7,600a + 5,776 =$$

$$10,000ab + 7,600b + 7,600a + 5,700 + 76 =$$

$$= 100(100ab + 76b + 76a + 57) + 76$$

따라서 두 수를 곱해 나온 수 역시 끝의 두 자리 숫자가 76이다.

위의 사실들을 증명하면서 우리는 그러한 특성을 지닌 수들의 거듭제곱에 역시 같은 규칙이 적용될 수 있다는 사실을 추측할 수 있다. 예를 들면 $376^2 = 141,376$ 그리고 $576^3 = 191,102,976$ 등.

4. 끝없는 수

이상의 특성을 가지는 보다 큰 수들도 있다. 이 수들은 무한대로 커질 수 있다.

우리는 앞서 언급했던 특성을 가지는 두 자릿수의 그룹을 알고 있다. 25와 76이다. 그렇다면 같은 성질을 갖는 세 자릿수의 그룹을 찾기 위해서 25 또는 76 앞에 같은 특성을 갖는 수를 써 넣어야 한다.

예를 들어 76 앞에 어떤 숫자들을 써 넣어야 할 것인가? 구해보자. 우선 그 숫자를 k라고 하자. 그렇다면 미지의 세 자릿수는 $100k + 76$이다.

끝의 세 자리 숫자가 위와 같은 수들은

$1,000a + 100k + 76$

$1,000b + 100k + 76$ 등이다.

이 중 임의의 두 수 $(1,000a + 100k + 76)$과 $(1,000b + 100k + 76)$의 곱

을 구하면

$$1,000,000ab+100,000ak+100,000bk+76,000a+$$

$$+76,000b+10,000k^2+15,200k+5,776$$

연산의 마지막에 나오는 $15,200k+5,776$을 제외한 나머지 수들은 모두 끝의 세 자리 숫자가 0이다. 문제의 조건에서 처음의 두 수를 곱하면 그 결과 끝의 세 자리 수가 $100k+76$인 수가 나온다고 했으므로 이제 k를 구하기 위해 $(15,200k+5,776)$과 $(100k+76)$의 차를 구해보자.

$$15,200k+5,776-(100k+76)=15,100k+5,700=$$

$$=15,000k+5,000+100(k+7)$$

이것이 1,000으로 나누어 떨어지려면 $k=3$이어야 한다. 따라서 우리가 구하고자 하는 k의 값은 3이다.

그러므로 우리가 원하는 특성을 지닌 세 자릿수는 376이다. 즉 끝의 세 자리 숫자가 376인 수들의 곱은 그 결과 역시 끝의 세 자리 숫자가 376이다. 예를 들어

$376^2=141,376$이다.

만일 우리가 지금 이런 특성을 갖는 네 자릿수를 구하고 싶다면, 376앞에 또 하나의 숫자를 써 넣어야 한다. 이 숫자를 l로 가정한다면, l이 어떤 숫자가 되면 다음 두 수의 곱이 $1,000l+376$으로 끝나는가?

$$(10,000a+1,000l+376)\times(10,000b+1,000l+376)$$

이 식을 전개하여 정리하고 그 중 끝의 네 자리 숫자가 모두 0인 것을 제외하면 다음 수만 남는다.

$752,000l+141,376$

이제 l을 구하자. $(752,000l+141,376)$과 $(1,000l+376)$의 차를 구하면

$752,000l+141,376-(1,000l+376)=751,000l+141,000=$

$$=(750,000l+140,000)+1,000(l+1)$$

만일 이 수가 $10,000$으로 나누어 떨어진다면 위에서 가정한 두 수 $(10,000a+1,000l+376)$과 $(10,000b+1,000l+376)$의 곱은 끝의 네 자리 숫자가 $(1,000l+376)$인 수가 나온다. 따라서 $l=9$이다.

그러므로 우리가 원하는 네 자릿수는 $9,376$이다. 얻은 네 자릿수에 수를 하나 더 추가해 우리가 원하는 특성을 지닌 다섯 자릿수를 구할 수 있는데, 그렇게 하려면 위와 같은 방법을 다시 이용하면 된다. 그러면 $09,376$을 얻을 것이다. 한 걸음 더 나가 $109,376$을 구하고, 또 $7,109,376$ 등이 나온다.

이렇게 숫자를 추가하는 것은 무한 번을 실행할 수 있다. 그 결과로 우리는 '무한대로 큰 수'를 얻을 수 있다.

$\cdots\cdots 7,109,376$

이 같은 '수'는 일반적인 법칙에 따라 더하고 곱해질 수 있다. 이 수들은 오른쪽에서 왼쪽으로 기록되는데, 그 이유는 덧셈과 곱셈('아래에서 위로')을 할 때 오른쪽에서 왼쪽으로 계산하기 때문이다. 이런 특성을 가진 수의 곱은 하나씩 차례로 필요한 만큼 계산해 얻을 수 있다.

위에서 언급한 무한 '수'는 믿어지진 않겠지만 다음 등식을 만족시킨다

x^2-x

실제로 각각의 인수가 76으로 끝나므로 이 '수'의 제곱(즉 자신에 자신을 곱한 수)은 끝 자리가 76인 수가 나오게 된다. 이런 이유로 위에 언급된 특

성을 가진 수들의 거듭제곱은 각각 376 또는 9,376 등으로 끝나게 된다. 다시 말해, x^2을 수 하나씩 차례로 계산하면, (여기서 $x=\cdots\cdots7,109,376$), 우리는 x에 있던 숫자들과 똑같은 수를 얻을 것이고 그러므로 $x^2=x$이다.

우리는 76(두 자릿수 76은 계산을 하게 되면 쉽게 얻을 수 있다. 또한 위에 설명된 것과 같이 얻어진 두 자릿수 앞에 어떤 수를 넣어야 하는가를 충분히 알아 낼 수 있다. 그러므로 6앞에 수를 하나씩 차례로 써 넣으면서 '수' $\cdots$7109 376을 얻을 수 있다.)으로 끝나는 수들의 조합을 살펴보았다. 만일 이 같은 논의를 5로 끝나는 수 조합에 대응시키면, 우리는 아래의 수 조합을 얻을 수 있다.

5; 25; 625; 0,625; 90,625; 890,625; 2,890,625 등.

결론적으로 또 하나의 '무한수'를 쓸 수 있고

$\cdots\cdots$2,890,625는 등식 $x^2=x$또한 만족시킨다. 이 '무한수'는 다음과 같다는 것을 보여줄 수 있을 것이다

$$\left(\left(\left(5^2\right)^2\right)^2\right)^2\cdots$$

'무한수'란 이름으로 얻어진 위의 흥미로운 결과는 다음과 같이 공식화될 수 있다.

등식, 즉 $x^2=x(x=0,\ x=1$ 경우 제외$)$는 두 개의 '무한수'의 답

$x=\cdots\cdots7,109,376;\ x=\cdots\cdots2,890,625$ 만을 갖게 된다.(단, 십진법에서만)

'무한수'는 십진법뿐만 아니라, 다른 진법에서도 살펴볼 수 있다. 이런 수는 접미수(接尾數) p를 기본으로 하는 진법에서 살펴볼 수 있다. 든긴과 우스펜스키의 책《수학 대담》에서 이 수들에 관하여 설명하고 있다. 더 깊게 들어가야 하므로 이곳에서는 이야기하지 않도록 하겠다.

5. 추가 지불액

옛날부터 러시아에 전해 내려오는 오래된 문제 중에 다음과 같은 것이 있다.

옛날에 이런 일이 있었다. 동업을 하는 두 명의 가축도매상이 황소들을 팔았는데 한 마리 당 황소의 가격을 전체 황소의 수로 가격을 매겨서 팔았다. 그렇게 해서 번 돈으로 그들은 마리당 10루블하는 어미 양들과 새끼 양 한 마리를 샀다. 두 사람이 똑같이 어미 양을 배분하여 가졌는데, 한 사람은 어미 양을 한 마리 더 가졌고 다른 사람은 새끼 양을 가져가면서 추가로 돈을 받았다. 추가 지불된 금액은 얼마일까(추가 지불된 금액은 루블 단위로 이루어졌다고 가정하자)?

풀이

이 문제는 '대수학적 언어로' 직접 해석되지 않으므로, 방정식을 세울 수 없다. 대신 특별한 방법으로 문제를 풀어야 한다. 다른 말로 하면 자유로운 수학적 상상력에 따라 문제를 풀어야 한다. 하지만 대수학은 연산과정에서 아주 중요한 역할을 한다.

전체 양들의 가격은 정확하게 어떤 수의 제곱 값이다. 왜냐하면 마리당 n 루블인 황소를 n 마리 팔고 받은 돈으로 양떼를 샀기 때문이다. 두 도매상 중 한 사람이 어미 양을 한 마리 더 가졌기 때문에 양의 수는 홀수이다. 그러므로 n을 제곱했을 경우 십의 자리 숫자가 홀수이어야 한다(어미 양의 가격이 10루블이므로). 그렇다면 일의 자리 숫자는 무엇일까?

제곱을 했을 경우 십의 자리 숫자가 홀수라면 일의 자리 숫자는 6뿐이라고 추측할 수 있다.

실제로 십의 자리 숫자 a, 일의 자리 숫자 b인 모든 수의 제곱, 즉 $(10a+b)^2$은 다음과 같다.

$$100a^2+20ab+b^2=(10a^2+2ab)\times10+b^2$$

이 수에서 십의 자리 숫자는 $10a^2+2ab$에 b^2에 의해서 나온 십의 자리 숫자를 더해주어야 한다. 그런데 $10a^2+2ab$는 2로 나누어진다. 즉 이 수는 짝수다. 그러므로 $(10a+b)^2$의 십의 자리 숫자가 홀수가 되려면, 숫자 b^2에서 십의 자리 숫자가 홀수이어야만 한다. b^2이 어떤 수인지 생각해야 한다. 이 수는 (단, 단위 숫자의 제곱) 즉 다음 10개의 수들 중 하나이다.

0, 1, 4, 9, 16, 25, 36, 49, 64, 81 중 십의 자리 숫자가 홀수인 수는 16과 36밖에 없다. 두 수 모두 6으로 끝난다. 이것은 $(10a+b)$의 제곱인 $100a^2+20ab+b^2$가 6으로 끝나는 경우에만 홀수인 십의 자리 숫자를 가질 수 있다는 의미다.

이제는 쉽게 문제의 답을 구할 수 있다. 새끼 양 한 마리는 6루블이다. 따라서 새끼 양을 맡은 동료는 다른 사람보다 4루블 적게 받았다. 몫을 공평하게 하기 위해, 새끼 양을 가진 사람은 자신의 동료로부터 2루블 더 받아야 한다.

따라서 추가지불 금액은 2루블이다.

6. 어떤 수가 11의 배수인지 확인하는 법

우리가 대수학을 알고 있다면 굳이 나눗셈을 직접 해보지 않고도 주어진 수로 나누어지는가 아닌가를 쉽게 알 수 있다. 2, 3, 4, 5, 6, 7, 8, 9, 10으로 나누어질 경우의 특징에 대해서는 이미 너무 잘 알고 있다. 그렇다면 11로 나누어지는 수의 특징은 어떤 것이 있을까? 이 특징 또한 매우 간단하고 또 실용적으로 활용될 수 있는 것이다.

여러 자릿수 N이 일의 자리 숫자 a, 십의 자리 숫자 b, 백의 자리 숫자 c, 천의 자리 숫자 d 등으로 이루어져 있다고 가정하자. 즉

$$N = a + 10b + 100c + 1000d + \cdots\cdots = a + 10(b + 10c + 100d + \cdots\cdots)$$

여기서 $\cdots\cdots$은 이어지는 자릿수의 합(총계)을 의미한다. N에서 11의 배수 $11(b + 10c + 100d + \cdots\cdots)$을 빼보자.

그러면 그 차이는 $a - b - 10(c + 10d + \cdots\cdots)$가 되고 이 수를 11로 나누면 수 N을 나누었을 때와 같은 나머지를 가진다. 이 차에 11의 배수 $11(c + 10d + \cdots\cdots)$을 더하면, 우리는 다음 수를 얻을 수 있다.

$$a - b + c + 10(d + \cdots\cdots)$$

그런데 이 수 또한 11로 나누면 수 N을 나누었을 때와 같은 나머지를 가진다. 이 수에 11의 배수 $11(d + \cdots\cdots)$를 빼고 이렇게 계속한다면 그 결과로 다음을 얻는다.

$$a - b + c - d + \cdots = (a + c + \cdots\cdots) - (b + d + \cdots\cdots)$$

이 수를 11로 나누면 N의 최초의 수와 같은 나머지를 갖는다.

여기서 우리는 주어진 임의의 수가 11의 배수인지 아닌지를 쉽게 알 수 있게 해주는 다음의 특징을 도출해 낼 수 있다.

어떤 수가 있을 때 그 수의 홀수 자리에 있는 모든 숫자의 합에서 짝수 자리에 있는 모든 숫사의 합을 뺀다. 그 차가 0 혹은 절대값이 11의 배수이면, 그 수는 11의 배수이다. 그 외의 경우 임의의 수는 11로 나누어 떨어지지 않는다.

예를 들어 임의의 수 87,635,064가 11의 배수인지 확인해보자. 즉 11로 나누어 떨어지는지 살펴보자(8이 첫 번째 자리 숫자이다).

$8+6+5+6=25,$

$7+3+0+4=14,$

$25-14=11$

이는 주어진 수가 11로 나누어진다는 뜻이다.

간단한 수에 적용하여 그 수가 11의 배수인지 확인할 수 있는 편리한 다른 방법도 있다. 우선 주어진 수를 오른쪽에서부터 왼쪽으로 두 자리마다 경계를 나누고 이 경계로 나뉘어진 수들을 더한다. 그 합이 나머지 없이 11로 나누어 떨어지면, 그 수는 11의 배수이고, 반대의 경우는 11의 배수가 아니다. 예를 들어 528을 살펴보자. 528을 두 자리 마다 끊어 경계로 나누면 5와 28이 된다. 이 두 수의 합을 구하면 $5+28=33$이 된다.

33은 나머지 없이 11로 나누어 떨어지므로 528은 11의 배수이다.

$528\div11=48$

이제 이것을 증명해보자. 임의의 수 N을 일의 자리부터 두 자리씩 끊어보자. 이때 우리는 각각 a, b, c 등으로 나타내지는 두 자릿수(또는 한 자릿수)를 얻을 것이고, N은 다음과 같이 나타낼 수 있다.

$N=a+100b+10,000c+\cdots\cdots=a+100(b+100c+\cdots\cdots)$

이 때 N에서 11의 배수 $99(b+100c+\cdots\cdots)$을 빼면

$a+(b+100c+\cdots\cdots)=a+b+100(c+\cdots\cdots)$이다.

이 수를 11로 나누면 그 나머지는 N을 11로 나눌 때의 나머지와 같다. 이 수에서 11의 배수 $99(c+\cdots\cdots)$를 빼고⋯⋯ 결론적으로 우리는 N을

11로 나누었을 때,

  $a+b+c+\cdots\cdots$

와 같은 나머지를 갖는다는 것을 알 수 있다.

수학을 전공하는 세 명의 대학생이 도심에서 한 자가용 운전자가 도로교통법을 심하게 위반하는 것을 목격했다. 단 한 명의 학생도 자동차 번호(네 자릿수)를 기억하지 못했으나 그들은 수학전공자들이었으므로, 각자가 네 자릿수의 어떤 특징들을 포착했다. 한 학생은 처음 두 수가 같다는 것을 기억했고, 두 번째 학생은 마지막 두 수도 서로 같은 수라는 것을 기억했다. 마지막, 세 번째 학생은 네 자리의 수가 어떤 수의 제곱이라고 확신했다. 이 기억만으로 자동차 번호를 알 수 있을까?

풀이

자동차 번호는 네 자릿수이므로 천의 자리 숫자와 백의 자리 숫자를 a로 놓고 나머지 두 자리, 즉 십의 자리와 일의 자리 숫자를 b라 하자. 그러면 자동차의 번호는

$1000a+100a+10b+b=1100a+11b=11(100a+b)$

이 수는 11로 나누어 떨어진다. 따라서 이 수는 11^2으로도 나누어 떨어진다 (제곱이었기 때문에 —세 번째 학생의 주장). 다시 말해 $100a+b$는 11로 나

누어 떨어진다. 바로 앞서 살펴보았던 11로 나누어 떨어지는 수들의 특징들 중 하나를 적용하면 $(a+b)$가 11로 나누어 떨어져야함을 알 수 있다. 그러나 a, b는 각각 10보다 작은 수이므로

$a+b=11$

이라는 의미가 된다.

제곱이 되는 수의 마지막 수 b는 다음의 값만을 취할 수 있다

0, 1, 4, 5, 6, 9.

따라서 $11-b=a$을 이용하여 다음과 같은 a의 값들을 구할 수 있다.

11, 10, 7, 6, 5, 2

처음 두 수는 적합하지 않고(10보다 큰 수이므로 조건에 어긋나 적합하지 않다.) 따라서 다음의 가능성들만 남는다.

b=4, a=7

b=5, a=6

b=6, a=5

b=9, a=2

그러므로 자동차의 번호는 다음의 4가지 경우들 중 하나이다.

7744, 6655, 5566, 2299

마지막 세 수는 어떤 수의 제곱이 아니다.

6655는 5로 나누어지나, 25로는 나누어지지 않고, 5577은 2로는 나누어지나 4로는 나누어지지 않고, 2299=121×19로 어떤 수의 제곱이 되지 않는다. 이렇게 되면 $7744=88^2$ 하나만 남고, 이것이 바로 우리가 찾는 자동차의 번호이다.

아래와 같은 19로 나누어 떨어지는 수의 특징을 살펴보고, 그것을 증명하라.

임의의 수가 19로 나누어 떨어지는 경우 그 수는 다음과 같은 특징을 갖는다. 십의 자리 숫자를 일의 자리 숫자를 두 배한 수와 더했을 때, 그 합이 19의 배수가 되면 그 임의의 수는 19로 나누어 떨어진다.

풀이

모든 수 N은 다음과 같이 나타낼 수 있다.

$N = 10x + y$

여기서 x는 십의 자리 수(십의 자리에 있는 숫자가 아니라, 십의 자리 수 크기 전체), y는 일의 자리 숫자라고 하자. 이때 우리는 N이 19의 배수가 되려면

$N' = x + 2y$

가 19로 나누어 떨어진다는 것을 증명하면 된다. 이를 위해 N'에 10을 곱하고, 이 곱에서 N을 빼자.

$10N' - N = 10(x + 2y) - (10x + y) = 19y$

여기서 N'가 19의 배수이면

$N = 10N' - 19y$

가 나머지 없이 19로 나누어져야만 한다. 반대로 N이 나머지 없이 19로 나누어진다면

$N' = N + 19y$

는 19의 배수이고, 이 때 N' 는 19로 나누어 떨어지는 것이 확실해 진다.

예를 들어, 47,045,881이 19로 나누어 떨어지는가를 확인해야 한다고 하자.

위의 특징을 적용하여 십의 자리 숫자에 일의 자리 숫자의 두 배를 더하자.

```
  4 7 0 4 5 8 8 | 1
                + 2
  4 7 0 4 5 | 9 0
          + 1 8
  4 7 0 6 | 3
        + 6
  4 7 1 | 2
      + 4
  4 7 | 5
  + 1 0
  5 | 7
  + 1 4
  1 9
```

19는 19로 나누어 떨어지므로 19의 배수 이고 57 ; 475 ; 4,712 ; 47,063 ;

470,459 ; 4,704,590 ; 470,456 모두 19의 배수이다.

그러므로 47,045,881은 19로 나누어 떨어진다.

다음은 프랑스의 유명한 여성 수학자 소피 제르맹 Sophie Germain, 1776년~1831년 수학자, 철학자-옮긴이 이 제안한 문제이다.

a^4+4 형태의 모든 수는 합성수이다(단, a는 1이 아닌 경우).

위의 정리를 증명해 보아라.

증 명

다음과 같이 식을 만들어서 증명해보자.

$a^4+4=a^4+4a^2+4-4a^2=(a^2+2)^2-4a^2=$

$=(a^2+2)^2-(2a)^2=(a^2+2-2a)(a^2+2+2a)$

이런 식으로 a^4+4는 우리가 확신한 것처럼, 자기 자신이 아닌 수와 1이 아닌 수의 곱으로 나타낼 수 있다. 왜냐하면 $a\neq1$이 아니기 때문에 $a^2+2-2a=(a^2-2a+1)+1=(a-1)^2+1\neq1$ 즉 이 수는 합성수이다.

소수, 즉 1과 자기 자신 외에 다른 어떤 정수로도 나누어 떨어지지 않는 1보다 큰 정수는 무한대이다.

2, 3, 5, 7, 11, 13, 17, 19, 23, 29, 31……로 시작한 수들을 나열하면 끝없이 이어진다. 이 소수들은 합성수들 사이에 위치하면서 합성수의 나열을 끊어준다. 연속적으로 이어지는 합성수만의 나열이 짧을 때도 있지

만 때로는 상상하지 못할 정도로 길어질 때도 있다. 얼마나 긴 나열이 있을까?

소수들 사이에 있는 합성수의 나열은 그 길이가 무척 다양하다. 물론 증명 가능한 사실이다. 이런 나열에는 길이의 한계가 없다. 천 개, 백만 개, 조 개… 의 합성수로 이루어진 긴 나열을 만들 수 있다.(소수가 끼어 있지 않은 합성수만의 나열)

계산을 빠르고 편리하게 하기 위하여 계승(factorial-기호로 $n!$)을 사용하자. $n!$은 1부터 n까지의 모든 정수의 곱을 의미한다. 예를 들어 $5!=1\times2\times3\times4\times5$이다. 이제 우리는

$[(n+1)!+2]$, $[(n+1)!+3]$, $[(n+1)!+4]$……$[(n+1)!+n]$ 와 같은

급수(series)가 연속적인(순차적인) 합성수 n으로 구성된다는 것을 증명할 것이다.

이 수들은 연속적으로 이어지는 합성수이므로 각각의 다음 수는 바로 앞의 수보다 1이 크다. 이제 수 모두가 합성수라는 것을 증명해야 할 일이 남았다.

첫 번째 수

$(n+1)!+2=1\times2\times3\times4\times5\times6\times7\times\cdots\times(n+1)+2$

이 수는 더해지는 두 수 모두 승수(multiplier) 2를 가지고 있기 때문에 짝수이다. 2보다 큰 모든 짝수는 합성수이다. 따라서 첫 번째 수는 합성수이다.

두 번째 수

$(n+1)!+3=1\times2\times3\times4\times5\times6\times7\times\cdots\times(n+1)+3$

역시 더해지는 두 수 모두 3의 배수이므로 이 수 역시 합성수이다.

세 번째 수

$(n+1)!+4=1\times2\times3\times4\times5\times6\times7\times\cdots\times(n+1)+4$

이 수 역시 더해지는 두 수 모두를 4로 나누었을 때 나머지가 없다.

이와 같은 방법으로, 네 번째 수

$(n+1)!+5$

도 5의 배수임을 알 수 있다. 즉 위의 급수는 모두 1과 자기 자신외의 다른 승수를 가진다는 말이고, 이는 곧 합성수임을 의미한다.

예를 들어보자. 만약 당신이 5개의 연속적인 합성수를 나열하고자 한다면, 위에 인용한 급수에 n대신 5를 대입하면 된다. 그러면 급수

722, 723, 724, 725, 726

를 얻을 수 있다. 그러나 이것은 5개의 연속적인 합성수의 유일한 급수는 아니다. 다른 예도 있다.

62, 63, 64, 65, 66

또는 더 작은 연속적인 합성수의 예로

24, 25, 26, 27, 28이 있다.

이제 문제를 풀어보자.

연속적인 수 10개가 모두 합성수인 것을 찾아라.

풀이

이미 위에서 증명된 사실을 가지고 미지의 열 개 수 중 첫 번째 수를 구할 수 있다.

$1 \times 2 \times 3 \times 4 \times \cdots \times 10 \times 11 + 2 = 39,816,802.$

따라서, 연속적으로 이어지는 열 개의 미지수는 다음과 같다.

$39,816,802 \, ; 39,816,803 \, ; 39,816,804 \cdots$

그러나 훨씬 작은 연속적인 합성수 열 개도 있다. 이런 식으로 10개 시리즈도 아닌, 13개의 연속적인 합성수로 이루어지는 시리즈를 세 자릿수에서도 발견할 수 있다.

114, 115, 116, 117 …… 126까지.

11. 소수

연속적인 합성수의 나열에서 그 길이가 필요한 만큼 얼마든지 길게 늘어날 수 있다면 소수의 나열인 경우에는 어떨까? 그래서 이번엔 소수 열의 무한성을 증명해보겠다.

이 증명은 고대 그리스의 수학자 유클리드 Euclaid 에우클레이데스의 영어식 이름(기원전 365년 – 기원전 275년), 헬레니즘 시대 그리스인 수학자-옮긴이가 한 것으로 그의 유명한 저서 《유클리드 원본》에 들어있다. 유클리드는 주어진 명제를 부정함으로써 그 명제가 옳다는 것을 증명했다.

주어진 명제(소수의 열은 무한하다)를 부정해보자. 즉, 소수의 열은 유한하다고 가정하자. 그러면 소수의 열에는 항상 마지막 소수가 존재할 것이고 여기서 우리는 그 수를 N이라고 한다.

$1 \times 2 \times 3 \times 4 \times 5 \times 6 \times 7 \times \cdots\cdots \times N = N!$

이 수에 1을 더하면

$$N!+1$$

이 수는 정수이면서, 적어도 한 개 이상의 소수인 승수를 가지고 있어야 한다. 즉 적어도 한 개 이상의 소수로 나누어 떨어져야 한다. 그러나 모든 소수는 가정에 따라 N을 넘지 못하고(왜냐하면 N은 소수의 열에서 가장 마지막 소수이기 때문이다), $N!+1$은 N보다 작거나 같은 어떤 수로도 나누어 떨어지지 않는다(모든 경우 나머지 1이 남는다).

그래서 소수의 열이 유한하다는 것을 받아들여선 안된다. 우리가 처음 가정했던 '소수의 열은 유한하다' 라는 명제에는 모순이 생긴다. 그러므로 우리가 일련의 자연수에서 만나는 연속적 합성수의 아무리 긴 나열도, 그 뒤에는 무한한 소수의 열이 존재한다는 것을 우리는 확신할 수 있다.

우리가 확인해야 할 사실은 얼마든지 큰 소수가 존재할 수 있다는 것과, 또 어떤 수가 소수가 될 수 있는지를 알아내는 것이다. 큰 자연수일수록 그 수가 소수인지 아닌지를 알기 위해 더 많은 계산을 해야 한다. 현재 소수라고 알려져 있는 큰 수는 다음과 같다.

$$2^{2281}-1$$

이 수는 십진수로 나타내었을 때 약 7백어 개의 숫자로 구성된다. 이 수가 소수라는 것은 현대식 계산기로 확인되었다.

수를 알아맞히는 기술

모두들 한 번씩은 다 수를 알아맞히는 마술을 보았으리라 생각된다. 보통 마술사들은 마술을 시작하기 전에 다음과 같은 주문을 한다.

수를 하나 떠올리시오, 그 수에 2를 더하고, 2를 더한 수에 다시 3을 곱하고, 거기서 5를 빼고, 또 처음 생각했던 수를 빼고 등. 모두 합쳐서 5번 또는 10번의 계산을 해줄 것을 요청한다. 그리고 마술사는 우리에게 계산 결과를 물어보고, 그 대답을 듣는 순간 마술사는 망설임 없이 당신이 처음 생각했던 숫자를 이야기한다.

사실 이 '마술'의 비밀은 매우 단순하다. 단 하나의 방정식만 알면 되는 것이다.

예를 들어 마술사가 당신에게 다음 표의 왼편에 지시된 계산을 수행할 것을 요구했다고 하자.

수를 생각하라	X
2를 더하고,	$x+2$
그 수에 3을 곱하고,	$3x+6$
5를 빼고	$3x+1$

생각했던 수를 빼고	$2x+1$
2를 곱하고,	$4x+2$
1을 빼라	$4x+1$

이어 마술사는 당신에게 마지막 계산 결과를 말하게 하고, 그는 그 결과를 듣자마자 당신이 생각했던 수를 말한다. 어떻게 이것이 가능할까?

이것을 이해하기 위해서는 표의 오른쪽 열에 나와 있는 대수학적 언어(마술사의 명령을 전환시킨)에 주목하면 된다. 이 열에서 만일 당신이 어떤 수 x를 생각했다면, 마술사의 모든 지시를 수행한 후 얻어지는 수는 $4x+1$이 되어야 한다. 이 단순한 사실만 알면 당신의 머리 속에 처음 떠올린 수를 '알아맞히는' 것은 어렵지 않다.

예를 들어, 당신은 마술사에게 계산결과로 33이 나왔다고 말했다. 그때 마술사는 재빨리 머리 속으로 $4x+1=33$을 계산하고, $x=8$을 구한다. 다시 말해 마지막 결과에 1을 빼고($33-1=32$), 이어 얻어진 수를 4로 나누면($32 \div 4=8$), 머리 속으로 처음 생각했던 수(8)가 얻어진다. 만일 당신이 계산결과로 25를 얻었다면, 마술사는 머리 속으로 $25-1$, 24 : $4=6$을 계산하고 당신이 생각했던 수는 6이라고 크게 말할 것이다.

보다시피, 아주 간단하다. 마술사는 처음 떠 올린 수를 구하기 위해선 계산 결과를 가지고 어떻게 해야 하는지 미리 알고 있는 것이다.

이것을 이해했다면, 이제 당신은 당신 친구들을 더 놀라고 당황하게 만들 수 있다. 떠올린 수의 계산 형태도 자유롭게 선택하게 하는 것이다. 먼저 친구에게 임의의 수를 마음속으로 떠올리게 하고 다음과 같은 연산들을(아주 기초적인) 자유자재로 사용하여 계산하라고 말한다.

어떤 수를 더하거나 빼거나 (예를 들어, 2를 더했다, 5를 뺐다 등등), 어떤 수를 곱하거나 (2를 곱했다, 3을 곱했다 등등), 처음에 떠올렸던 수를 더하거나 빼거나. 당신 친구는 당신을 헷갈리게 하려고 많은 계산을 열심히 수행할 것이다. 예를 들어 친구가 수 5를 떠 올리고 (친구는 이를 당신에게 알리지 않는다.) 일련의 계산을 끝내면서 다음과 같이 말했다고 하자.

"나는 어떤 수를 생각했고, 그 수에 2를 곱했고, 결과에 3을 더하고, 거기에 처음 생각했던 수를 더했어. 그리고 그 수에 1을 더하고, 2를 곱하고, 처음 생각했던 수를 빼고, 3을 빼고, 처음 생각했던 수를 또 빼고, 2를 뺐어. 마지막으로, 이때 나온 결과에 2를 곱하고, 3을 더했어."

그는 당신을 완전히 혼란시켰다고 생각하고, 당당한 모습으로 당신에게 말할 것이다.

"그렇게 한 결과가 49야."

상대가 놀라 눈이 동그래질 만큼 재빨리 당신은 그가 처음 생각했던 수가 5라는 것을 그에게 말한다.

어떻게 이런 것이 가능한 것일까? 이제는 모든 것이 분명해졌을 것이다. 친구가 당신에게 자기가 생각한 수로 수행한 계산과정과 그 결과를 알려줄 때 당신은 미지수 x를 머리 속에서 계산한다. 만일 친구가 당신에게 '나는 어떤 수를 생각했고' 라고 한다면 당신은 속으로 x를 갖고 있다.' 라고 생각한다. 친구가 '2를 곱하고' 라고 이야기하면 당신도 속으로 계속한다. '이제는 $2x$' 다. 그가 '나온 값에 3을 더했다.' 라고 하면 당신도 재빨리 계산한다. $2x+3$, 등. 친구가 당신이 절대로 못 맞힐 것이라고 생각하고 위에 열거한 모든 계산을 마쳤을 때, 당신은 다음 표의 오른쪽에 나타난 방정식을 얻는다(좌측 열은 친구가 당신에게 말한 것이고, 우측 열은 당신이 머리 속으로 수행한 계산이다).

나는 숫자를 떠 올렸다	x
그 수에 2를 곱하고,	$2x$
계산결과에 3을 더했다.	$2x+3$
이어 떠올린 수를 더하고,	$3x+3$
이제는 1을 더하고	$3x+4$
2를 곱하고,	$6x+8$
떠올린 수를 빼고	$5x+8$
3을 빼고,	$5x+5$
떠올린 수를 또 빼고,	$4x+5$
2를 빼고,	$4x+3$
끝으로 나는 계산결과에 2를 곱하고,	$8x+6$
3을 더했다	$8x+9$

궁극적으로 당신이 속으로 생각한 것은 위 표의 마지막 결과인 $8x+9$이다. 이제 친구는 당신에게 계산 결과를 말한다. '계산결과는 49가 나왔다.' 그러면 당신에겐 다음 방정식이 완성된다.

$8x+9=49$

방정식을 푸는 것은 아주 쉬운 일이고, 당신은 지체 없이 친구가 처음 떠올렸던 수가 5라는 것을 알린다.

이 마술은 당신이 셈 형식을 제안하는 것이 아니라 친구가 '스스로 생각' 했기 때문에 특히 효과적이다.

사실, 마술이 실패하는 경우가 하나 있다. 예를 들어 일련의 계산들을 마친 후 당신이 (속으로) $x+14$를 얻었는데, 당신 친구가 '내가 처음 생각했던 수를 뺐다. 결과는 14가 되었다'고 말한다면 당신은 $(x+14)-x=14$로 실제로 14를 얻었으나 떠올린 수를 알아맞힐 방법이 없어진다.

이런 경우는 어떻게 해야 할까? 이렇게 하면 된다. 당신에게 미지수 x가 포함되지 않은 결과값이 나왔을 때, 친구의 말을 자르고 '스톱, 나는 너에게 아무것도 묻지 않고, 지금 네가 얼마를 얻었는지 알 수 있어. 14지?' 이렇게 되면 당신 친구는 매우 당황하게 된다. 정말 친구는 아무 말도 안 했는데! 비록 당신이 친구가 처음 생각한 수를 알아맞히지 못했더라도 마술은 성공할 수 있다!

아래 표는 위의 상황을 나타낸 것이다(이전처럼 왼쪽 열에 당신 친구가 말한 것이 표시되어 있다).

나는 수를 떠올렸다	x
그 수에 2를 더하고,	$x+2$
계산 값에 2를 곱했고,	$2x+4$
이젠 3을 더했고,	$2x+7$
떠올린 수를 빼고,	$x+7$
5를 더했고	$x+12$

이때 당신이 12를 얻었다면, 즉 식에 미지수 x가 더 이상 포함되지 않는 다면, 지금 그가 수 12를 얻었다는 것을 알리고 친구의 말을 가로막는다.

조금만 연습하면 당신은 쉽게 이런 '마술'을 친구들에게 보여줄 수 있 다.

04

디오판토스 방정식

부정방정식이라는 것이 있습니다.

부정방정식이란 미지수의 개수보다 방정식의 개수가 적은 (연립)방정식을 말합니다. 부정방정식은 그대로 풀기 어렵기 때문에 모든 해를 구하는 것이 아니라 '유리수해' 또는 '정수해' 또는 '자연수해'만을 구하라는 조건이 붙어 있는 것이 보통입니다. 이러한 부정방정식 가운데 특히 정수해만을 구하는 것을 디오판토스 방정식이라고 합니다.

이 장에서는 디오판토스 방정식이라고 불리는 문제들을 풀어보도록 하겠습니다. 물론 그 문제는 일상 언어로 설명되어 있습니다. 그리고 이제 여러분들은 일상의 언어를 대수학의 언어로 바꾸는데 익숙해졌을 것으로 믿습니다.

약 1,800년 전에 살았던 디오판토스는 특히 정수론과 대수학에 있어 큰 공헌을 한 수학자로 대수에서 미지수를 문자로 쓰기 시작했고, 디오판토스 해석이라는 일종의 부정방정식 해법을 연구하였는데, 《산학 Arithmetica》 13권에서는 수사, 미지수, 계산 기호 등을 사용하여 대수학을 만들어 일차 · 이차방정식 및 연립방정식을 푸는 방법을 보여 주었습니다.

1. 스웨터 구매

당신은 상점에서 스웨터를 사고 19루블을 지불해야 한다. 당신은 3루블짜리 지폐만 가지고 있고, 계산원은 5루블짜리만 가지고 있다면 돈을 어떻게 지불해야 할까?

현금으로 19루블을 지불하려면 당신은 3루블짜리 지폐 몇 장을 계산원에게 주고, 5루블짜리 지폐 몇 장을 받아야 하는지 알아야 한다. 따라서 구하고자 하는 3루블짜리 지폐의 개수를 미지수 x, 5루블짜리 지폐의 개수를 미지수 y로 놓자. x, y 두 개의 미지수를 가지고 주어진 조건에 따라 만들 수 있는 방정식은 한 개뿐이다. 즉

$3x-5y=19$ 이다.

이 두 개의 미지수를 가지고 우리가 만든 것은 한 개의 방정식뿐이므로 위의 방정식을 만족시키는 미지수 (x, y)의 순서쌍은 무한 개로 나올 수 있다. 그러나 그 무한 개의 순서쌍 중 x, y가 모두 양의 정수인(미지수 x, y

는 지폐의 개수를 의미하므로) 것이 한 쌍이라도 있을 지는 아직 명확하지 않다. 이것이 바로 대수학이 이와 같은 '부정방정식'을 풀이하는 데 사용되는 이유이다. 부정방정식의 해결을 위해 최초로 대수학을 적용한 사람은 이 분야의 유럽 최초 대표자인, 저명한 고대 수학자 디오판토스이다. 그의 이름을 따라 이런 방정식을 '디오판토스 방정식'이라고도 부른다.

풀 이

인용된 예를 통하여 이런 방정식은 어떻게 풀어야 하는지 알아보자.

$3x - 5y = 19,$

이 방정식에서 x와 y는 양의 정수, 즉 자연수라는 것을 알고, x와 y값을 구해야 한다.

이 식을 미지수 x에 대해 풀기 위해 $3x$를 좌변에 놓고 나머지 항을 우변으로 이항시키자.

$3x = 19 + 5y$

여기서

$$x = \frac{19 + 5y}{3} = 6 + y + \left(\frac{1 + 2y}{3} \right)$$

x, 6, y는 양의 정수이므로, $\frac{1 + 2y}{3}$ 또한 양의 정수일 경우에만 주어진 조건을 만족한다. $\frac{1 + 2y}{3}$ 을 t라고 하면

$x = 6 + y + t,$

여기서

$$t = \frac{1 + 2y}{3},$$

y를 t에 관한 식으로 나타내면

$3t = 1 + 2y, \quad 2y = 3t - 1$

따라서,

$$y = \frac{3t-1}{2} = t + \frac{t-1}{2}$$

y와 t는 정수이므로 $\frac{t-1}{2}$ 역시 어떤 정수 t_1이 되어야 한다. 따라서

$$y = t + t_1,$$

그러면

$$t_1 = \frac{t-1}{2},$$

여기서

$2t_1 = t - 1$ 즉, $t = 2t_1 + 1$

$t = 2t_1 + 1$ 을 앞의 방정식에 대입하면

$$y = t + t_1 = (2t_1 + 1) + t_1 = 3t_1 + 1$$

$$x = 6 + y + t = 6 + (3t_1 + 1) + (2t_1 + 1) = 8 + 5t_1$$

이제 우리는 미지수 x, y를 t_1으로 나타낼 수 있게 되었다. <small>엄격히 말하면, 우리는 단지 방정식 3x−5y=19의 답이 정수 값일 때, x=8+5t₁, y=1+3t₁(여기서 t₁은 어떤 정수)라는 형태를 갖는다는 것을 증명하였을 뿐이다. 역은 아직(즉 t₁이 정수 값을 가지면 우리는 주어진 방정식의 답으로 어떤 정수 값을 얻는다) 증명되지 않았다. 그러나 이 경우 논리를 역순으로 실행하거나, 구해진 x, y값을 첫 번째 방정식에 대입하면 쉽게 확인할 수 있다.</small>

$$x = 8 + 5t_1,$$

$$y = 1 + 3t_1$$

미지수 x, y는 양의 정수 즉, 0보다 큰 정수이다. 따라서

$$8 + 5t_1 > 0,$$

$$1 + 3t_1 > 0$$

위의 부등식을 풀면,

$$5t_1 > -8 \text{ 즉 } t_1 > -\frac{8}{5},$$

$$3t' > -1 \text{ 즉 } t' > -\frac{1}{3}$$

따라서 t_1은 $-\frac{1}{3}$ 보다 크다. 그러나 t_1은 정수이므로, 가능한 수는 다음과

같다.

$t_1 = 0, 1, 2, 3, 4 \cdots$

그러므로 미지수 x, y의 값은

$x = 8 + 5t_1 = 8, 13, 18, 23 \cdots$

$y = 1 + 3t_1 = 1, 4, 7, 10 \cdots$

이제 우리는 돈을 어떻게 지불해야 하는지 알았다.

당신은 3루블짜리 8장을 내고, 5루블짜리 1장을 거스름돈으로 받든지

$8 \times 3 - 5 = 19$,

혹은 3루블짜리 13장을 내고, 5루블짜리 4장을 거스름돈으로 받을 수 있다.

$13 \times 3 - 4 \times 5 = 19$ 등.

이 문제는 이론적으로는 무한개의 (x, y)순서쌍을 가지나, 실제 순서쌍의 개수는 한정될 수 밖에 없다. 왜냐하면, 구매자나 계산원 모두 무한한 개수의 지폐를 가지고 있지 않기 때문이다. 예를 들어, 두 사람이 각각 지폐를 10장씩 가지고 있다고 한다면, 거래는 한 가지 방법으로만 성사된다. 즉 3루블짜리 8장을 내고, 거스름돈으로 5루블을 받는다. 보다시피, 부정방정식도 실제상황과 접목되면 한정된 한 쌍의 답만을 가질 수 있다.

다시 문제로 돌아가, 이번엔 여러분 스스로 다음 문제를 풀어보기 바란다.

구매자는 5루블짜리 지폐만 가지고 있고, 계산원은 3루블짜리 지폐만 가지고 있을 경우를 살펴보자. 여러분들이 직접 풀어본다면 다음과 같은 답을 얻게 될 것이다.

$x = 5, 8, 11 \cdots$

$y = 2, 7, 12 \cdots$

실제로,

$5 \times 5 - 2 \times 3 = 19$,

$8 \times 5 - 7 \times 3 = 19,$

$11 \times 5 - 12 \times 3 = 19,$

················

위의 방법 외에도, 간단한 대수학적 방법을 적용하면, 우리는 이미 구해놓은 기본문제의 답만 가지고도 위의 결과를 얻을 수 있다. 5루블을 주고 3루블을 받는 것과 '마이너스 5루블을 받고' '마이너스 3루블을 주는 것'은 똑같으므로, 문제의 새로운 상황(즉 구매자가 5루블짜리 지폐만 가지고 있고 계산원은 3루블짜리 지폐만 가지고 있는 경우)은 이전 문제를 풀기 위해 만들어 놓은 방정식을 통해 해결할 수 있다.

$3x - 5y = 19,$

그러나 x, y가 음의 정수이어야만 한다. 그러므로 등식

$x = 8 + 5t_1,$

$y = 1 + 3t_1$

에서 $x \langle 0, y \langle 0$ 이므로

$8 + 5t_1 \langle 0,$

$1 + 3t_1 < 0$

따라서,

$t_1 \langle -\dfrac{8}{5}$

$t_1 = -2, -3, -4$ 등을 이전 식에 대입하면 다음과 같은 x, y 값을 얻는다.

$t_1 = -2, -3, -4,$

$x = -2, -7, -12,$

$y = -5, -8, -11$

첫 번째 답은 $x = -2, y = -5$, 즉 구매자는 '3루블짜리를 마이너스 2장 지불하고' '마이너스 5루블을 받는다'. 다시 말해 5루블을 지불하고, 3루블

짜리 2장을 거스름돈으로 받는다. 이와 같은 방법으로 나머지 답들도 설명
될 수 있다.

2. 상점의 장부 감사

상점의 판매 장부를 감사할 때, 장부의 한 부분이 잉크로 얼룩져 숫자확
인이 힘든 곳이 발견되었다. 그것은 다음의 그림과 같았다.

그림 1

몇 미터를 팔았는지 알아볼 수 없었으나, 이 수는 분수가 아닌 것은 확
실했다. 물건을 팔아 번 돈의 합계는 마지막 세 수만 구별할 수 있고(7, 2,
8), 그 앞에는 세 자리의 어떤 다른 수가 있다는 것만 확인할 수 있었다.

감사위원회는 이 흔적으로 기록을 확인할 수 있을까? 1루블은 100 코페이카이다 −옮긴이

풀이

판매한 모직물의 길이를 미지수 x라고 하자. 그러면 판매대금의 총계는
$4936x$ 이다.

판매장부에서 잉크로 얼룩진 총 금액 중 앞의 세 자리 수를 y라고 하자. 이 수는 몇 천 코페이카임이 확실하므로, 전체 금액을 코페이카로 환산하면

$1000y+728$

따라서 다음과 같은 방정식을 만들 수 있다.

$4936x=1000y+728$

식을 간단하게 하기 위해 양변을 8로 나누면

$617x-125y=91$

이 방정식에서 x와 y는 정수이고, 999를 넘지 않는다. 왜냐하면, y가 세 자릿수 이상 되는 것은 불가능하기 때문이다. 이 식을 y에 관해 풀면

$125y=617x-91$,

$y=5x-1+\dfrac{34-8x}{125}=5x-1+\dfrac{2(17-4x)}{125}=5x-1+2t$ (단, $\dfrac{17-4x}{125}=t$, 여기서 우리는 $\dfrac{617}{125}=5-\dfrac{8}{125}$ 로 고쳐 계산했다. 나머지가 적은 것이 우리에게 유리하기 때문이다. 미지수 y 값은 정수이므로, 분수 $\dfrac{2(17-4x)}{125}$ 역시 정수가 되어야 한다. 그런데 2는 125로 나누어 떨어지지 않으므로, 우리가 t로 둔 $\dfrac{17-4x}{125}$ 가 반드시 정수가 되어야 한다.)

이제 x를 t에 관한 식으로 나타내보자.

$17-4x=125t$

$x=4-31t+\dfrac{1-t}{4}=4-31t+t_1$,

여기서

$t_1=\dfrac{1-t}{4}$,

따라서

$4t_1=1-t$

$t=1-4t_1$

그러므로

$x = 125t_1 - 27$

$y = 617t_1 - 134$ t_1의 계수가 맨 처음 방정식 617x-125y=91에서의 x, y의 계수와 같다는 것에 주목하자. 게다가 t_1의 계수

들 중 하나에는 부호(+,−)가 반대인 것이 있다. 이것은 우연한 일이 아니다. x, y의 계수가 공약수를 갖지 않는다면 언제나 그렇다는 것

을 증명할 수 있다.

우리는

$100 \leq y < 1,000$

임을 안다. 따라서

$100 \leq 617t_1 - 134 < 1,000$

이 부등식을 풀면

$t_1 \geq \dfrac{234}{617}$ 그리고 $t_1 < \dfrac{1,134}{617}$

t_1의 값으로 단지 하나의 정수만 만족된다는 것이 분명하다.

$t_1 = 1$,

따라서

$x = 98, y = 483$

즉 전체 98m, 4,837루블 28코페이카어치 팔렸다는 말이다. 기록은 복구되었다.

3. 우표 구입

1루블로 40장의 우표를 사야 한다. 그런데 우표는 1코페이카, 4코페이카, 12코페이카짜리가 있다. 각각 몇 장씩 살 수 있을까?

풀이

이 경우 우리는 세 개의 미지수 x, y, z을 갖는 다음과 같은 두 개의 방정식

을 만들 수 있다.

$x+4y+12z=100,$

$x+y+z=40$

단, 여기서 x는 1코페이카짜리 우표의 수, y는 4코페이카짜리 우표의 수, 그리고 z는 12코페이카짜리 우표의 수이다.

위의 두 방정식을 연립하여 x를 소거하자.

$3y+11z=60$

이 식을 y에 관해 풀면

$y=20-11\times\dfrac{z}{3}$

우표의 개수인 x, y, z은 자연수이므로 $\dfrac{z}{3}$는 반드시 자연수(즉 양의 정수)이어야 한다. $\dfrac{z}{3}=t$로 놓자. 그러면 t는 자연수이어야 하고 위 식은

$y=20-11t$ 가 되고

$z=3t$

위의 $x+y+z=40$에 $y=20-11t$와 $z=3t$를 대입하면

$x+20-11t+3t=40$

풀어보면

$x=20+8t$

$x\geq0$, $y\geq0$, $z\geq0$ 이므로, t의 범위를 구하는 것은 별로 어렵지 않다.

$0\leq t\leq1\dfrac{9}{11}$

따라서 정수 t의 값은

$t=0$ 또는 $t=1$

t값에 대한 x, y, z의 값은 다음과 같다.

$t=$	0	1
$x=$	20	28

$y=$ 　　　　　20　　　　　9

$z=$ 　　　　　0　　　　　3

검산을 해보면 다음과 같다.

20×1+20×4+0×12=100,

28×1+9×4+3×12=100

이상과 같이, 우표구입은 두 가지 방법으로만 가능하다(만일, 세 종류의 우표를 최소한 한 장씩이라도 모두 사야 한다면 한 가지 방법밖에 없다).

계속해서 유사 문제를 풀어보자.

4. 과일 구입

5루블을 가지고 여러 가지 과일 100개를 사려고 한다. 과일 별 가격은 다음과 같다.

그림 2

수박 1개 —— 50 코페이카

사과 1개 —— 10 코페이카

자두 1개 —— 1 코페이카

과일을 종류별로 몇 개나 살 수 있나?

구입할 수박의 개수를 x, 사과의 개수를 y, 자두의 개수는 z로 하면 문제의 조건에 의해 다음 두 개의 방정식이 만들어진다.

$50x+10y+1z=500,$

$x+y+z=100$

두 방정식을 연립하여 미지수 z을 소거하자. 그러면

$49x+9y=400$

이어지는 풀이과정은 다음과 같다.

$y=\dfrac{400-49x}{9}=44-5x+\dfrac{4(1-x)}{9}=44-5x+4t,$

(단, $t=\dfrac{1-x}{9}$ 이고, 따라서 $x=1-9t$,)

$y=44-5(1-9t)+4t=39+49t$

x, y, z은 모두 0보다 크거나 같은 정수이므로 우리는 t의 범위를 구할 수 있다.

$1-9t \geq 0$ 그리고 $39+49t \geq 0$

이 부등식을 풀어보면

$\dfrac{1}{9} \geq t \geq -\dfrac{39}{49}$

따라서, $t=0$이므로

$x=1, y=39$

이 x, y값을 두 번째 방정식 $x+y+z=100$에 대입하면 $z=60$을 얻을 수 있다.

이렇게 수박 1통, 사과 39개, 자두 60개를 구입할 수 있다. 다른 조합은 있을 수 없다.

5. 생일 알아맞히기

만일 당신이 부정방정식을 문제없이 풀어냈다면, 당신은 수로 하는 다음과 같은 마술을 수행할 수 있는 자격조건을 갖춘 것이다. 당신은 친구에게 그의 생일 날짜에 12를 곱하고, 월에 31을 곱하여 두 수를 더하라고 말한다. 친구는 그 합을 말해 줄 것이고, 당신은 그 수로 친구의 생일을 알아낼 수 있다.

예를 들어, 당신 친구의 생일이 2월 9일이라면, 그는 다음과 같이 계산을 했을 것이다.

$9 \times 12 = 108$, $2 \times 31 = 62$, $108 + 62 = 170$

마지막 수 170은 친구가 직접 말해주었고, 당신은 그의 생일을 알아맞힌다. 어떻게 가능할까?

풀 이

이 마술은 날짜 x가 0보다 크고 31보다는 작거나 같은 정수이고, 월 y는 0보다 크고 12보다는 작거나 같은 정수라는 사실에 바탕을 두고 해결될 수 있다. 이제 식을 세워보자.

$12x + 31y = 170$

$x = \dfrac{170 - 31y}{12} = 14 - 3y + \dfrac{2 + 5y}{12} = 14 - 3y + t$, (단, $t = \dfrac{2 + 5y}{12}$ 이고 정수이다.)

이제 y를 t에 관해 풀면

$2 + 5y = 12t$,

$$y = \frac{-2+12t}{5} = 2t - 2 \times \frac{1-t}{5} = 2t - 2t_1 \ (단, \ \frac{1-t}{5} = t_1 이고, \ t_1 \ 역시 \ 정$$
수이다.)

t를 t_1에 관해 풀면

$1 - t = 5t_1, \ t = 1 - 5t_1,$

따라서 y를 t_1에 관한 식으로 나타내면

$y = 2(1 - 5t_1) - 2t_1 = 2 - 12t_1,$

$x = 14 - 3(2 - 12t_1) + 1 - 5 \, t_1 = 9 + 31t_1$

$0 < x \leq 31$, $0 < y \leq 12$이므로 t_1의 범위를 구하면

$$-\frac{9}{31} < t_1 < \frac{1}{6}$$

따라서

$t_1 = 0$, $x = 9$, $y = 2$

그 친구의 생일은 두 번째 달 9번째 날, 즉 2월 9일이다. 굳이 방정식을 사용하지 않고도 이 마술을 해결할 수 있는 다른 방법도 있다. 당신이 알고 있는 수는 $a = 12x + 31y$이다. $12x + 24y$는 12로 나누어 떨어지므로, $7y$와 a는 12로 나누었을 때 나머지가 같다. 7을 곱한 $49y$와 $7a$ 역시 12로 나누었을 때 나머지가 같다. 그러나 $49y = 48y + y$인데, $48y$는 12로 나누어 떨어지고, 즉 y와 $7a$는 12로 나누었을 때 같은 나머지를 갖는다. 다시 말해, a가 12로 나누어지지 않으면, y는 $7a$를 12로 나눈 나머지와 같다는 말이다. a가 12로 나누어진다면, $y = 12$. 이로써 y(월)는 정확하게 알 수 있다. y를 알면 x를 구하는 것은 쉽다.

작은 충고를 하나 하자면, $7a$를 12로 나누었을 때의 나머지를 아는 것보다, 먼저 a를 12로 나누었을 때 나머지로 바꿔놓으면 계산이 한결 간단해진다. 예를 들어, $a = 170$이라면, 당신은 다음을 머리 속으로 계산해야 한다.

$170 = 12 \times 14 + 2$(즉 나머지는 2)

$2 \times 7 = 14$; $14 = 12 \times 1 + 2$(즉 $y = 2$)

$$x = \frac{170 - 31y}{12} = \frac{170 - 31 \times 2}{12} = \frac{108}{12} = 9 \text{ (즉 } x = 9)$$

이제 당신은 친구에게 그의 생일이 2월 9일이라고 말할 수 있다.

이 마술은 항상 나누어 떨어진다는 것, 즉 여기서 나온 방정식이 항상 오직 하나의 양의 정수를 답으로 갖는다는 것을 증명해보자. 친구가 알려준 수를 a라고 하고, 그의 생일을 알기 위해 방정식을 이용한다.

$12x + 31y = a$

반대의 경우를 생각해보아야 한다. 이 방정식이 양의 정수인 두 개의 다른 해, 즉 (x_1, y_1)과 (x_2, y_2)를(단, $0 \langle x_1, x_2 \leq 31$이고 $0 \langle y_1, y_2 \leq 12$) 갖는다고 가정하면 (x_1, y_1)과 (x_2, y_2)는 동시에 $12x + 31y = a$를 만족한다. 따라서

$12x_1 + 31y_1 = a$

$12x_2 + 31y_2 = a$

두 방정식을 연립하여 풀면,

$12(x_1 - x_2) + 31(y_1 - y_2) = 0$.

따라서 $12(x_1 - x_2)$는 31로 나누어 떨어짐을 알 수 있다. x_1과 x_2는 31보다 작거나 같은 양수이므로 $x_1 - x_2$의 차는 31보다 작다. 그러므로 $12(x_1 - x_2)$는 $x_1 = x_2$인 경우에만, 즉 $(x_1, y_1) = (x_2, y_2)$일 때만 31로 나누어 떨어질 수 있다. 이런 방법으로 두 개의 다른 답이 존재한다는 가정은 모순임을 알 수 있다.

6. 닭 판매

세 자매가 닭을 팔기 위해 시장에 갔다. 첫째는 10마리 닭을, 둘째는 16마리, 셋째는 26마리의 닭을 가지고 나왔다. 세 자매는 닭들을 다 같은

가격에 팔기 시작했다. 오후가 되자 닭을 다 팔지 못할 것을 염려하여 가격을 낮추어 똑같은 가격으로 남은 닭을 팔았다. 세 자매는 동일한 판매대금을 가지고 집으로 돌아왔다. 자매들 각각은 35루블씩 벌었다.

오전, 오후에 판 닭의 가격은 각각 얼마인가?

오전에 세 자매가 판 닭의 수를 각각 첫째는 x, 둘째는 y, 셋째는 z마리로 하자. 그러면, 오후에는 세 자매가 각각 $10-x$, $16-y$, $26-z$마리를 판 셈이다. 오전의 닭 가격을 m, 오후는 n으로 놓자. 표로 정리하면 이것을 보다 분명히 알 수 있다.

	판매한 닭의 (마리)수			가격
오전	x	y	z	m
오후	$10-x$	$16-y$	$26-z$	n

첫째가 받은 돈은 : $mx+n(10-x)$ 따라서 $mx+n(10-x)=35$

둘째는 : $my+n(16-y)$ 따라서 $my+n(16-y)=35$

셋째는 : $mz+n(26-z)$ 따라서 $mz+n(26-z)=35$

이 세 방정식을 다시 써보면

$(m-n)x+10n=35$,

$(m-n)y+16n=35$,

$(m-n)z+26n=35$이다.

세 번째 방정식과 첫 번째 방정식을 연립하고, 이어 세 번째 방정식과 두 번째 방정식을 연립하여 계산하면 다음이 나온다.

$(m-n)(z-x)+16n=0,$

$(m-n)(z-y)+10n=0,$

또는

$(m-n)(x-z)=16n \cdots$ ①

$(m-n)(y-z)=10n \cdots$ ②

①÷②를 하면,

$\dfrac{x-z}{y-z} = \dfrac{8}{5}$, 또는 $\dfrac{x-z}{8} = \dfrac{y-z}{5}$

x, y, z는 정수이므로, $x-z$, $y-z$ 또한 정수이다. 그러므로 등식

$\dfrac{x-z}{8} = \dfrac{y-z}{5}$

가 존재하기 위해서는 반드시 $x-z$는 8로 나누어져야 하고, $y-z$는 5로 나누어져야 한다. 따라서

$\dfrac{x-z}{8} = t = \dfrac{y-z}{5}$

여기서

$x=z+8t$

$y=z+5t$

주의해야 할 것은 미지수 t는 양의 정수라는 점이다. $x>z$ (반대의 경우에 첫째는 셋째가 번 것만큼 벌 수가 없다.)이기 때문이다.

$x<10$이므로

$z+8t<10$

양의 정수이면서 부등식 $z+8t<10$을 만족시키려면 $z=1$, $t=1$이 되어야 한다. 따라서 이 값을 다음의 방정시에 대입하면

$x=z+8t,$

$y=z+5t$

$x=9, y=6$을 구할 수 있다.

이제 처음의 방정식으로 돌아가

$$mx+n(10-x)=35$$

$$my+n(16-y)=35$$

$$mz+n(26-z)=35$$

구한 x, y, z 값을 대입하면 얼마에 닭을 팔았는지 (판매한 닭의 가격을) 알 수 있다.

$m=3\dfrac{3}{4}$ 루블, $n=1\dfrac{1}{4}$ 루블.

오전에는 닭을 3루블 75코페이카에 팔았고, 오후에는 1루블 25코페이카에 팔았다.

7. 두 수와 사칙 연산

다섯 개의 미지수를 세 개의 방정식으로 풀어 낸 앞의 문제는 일반적인 예제를 따른 것이 아니라 자유로운 수학적 사고를 통해서 해결이 가능했다. 다음 문제들도 제곱의 부정방정식을 가지고 위와 같은 방법으로 풀어 보아라.

우선 다음의 문제를 해결해보자.

두 개의 양의 정수를 가지고 다음의 네 가지 계산을 수행하였다.

1) 두 수를 더했다

2) 큰 수에서 작은 수를 뺐다

3) 두 수를 곱했다

4) 큰 수를 작은 수로 나누었다. 얻어진 결과들을 모두 더하면 243이

된다

이 네 가지 조건을 동시에 만족하는 두 수를 구하라.

풀이

큰 수를 x로, 작은 수를 y로 하면

$(x+y)+(x-y)+xy+\dfrac{x}{y}=243$

이 방정식의 양변에 y를 곱하여 괄호를 풀어 정리한 후 다시 x로 묶으면

$x(2y+y^2+1)=243y$

그런데 $2y+y^2+1=(y+1)^2$ 이므로

$x=\dfrac{243y}{(y+1)^2}$

x가 양의 정수가 되려면, 분모 $(y+1)^2$는 243의 약수 중 하나이어야 한다(왜냐하면, y는 $y+1$과 공약수를 갖지 못하기 때문이다). $243=3^5$ 이므로, 243은 1, 3^2, 9^2에 의해서만 나누어 떨어진다. 그래서 $(y+1)^2$은 1, 3^2, 9^2와 같아야 한다. 따라서 $y=2$ 또는 $y=8$이다(우리가 구하고자 하는 x, y는 양의 정수임을 잊지 말자).

이때 x는

$\dfrac{243\times8}{81}$ 또는 $\dfrac{243\times2}{9}$

그러므로 우리가 원하는 두 수는 24와 8, 또는 54와 2가 된다.

8. 어떤 직사각형일까?

직사각형의 네 변의 길이는 양의 정수로 표현된다. 직사각형의 둘레의 길이와 면적이 같아지려면 네 변의 길이는 얼마가 되야 하는가?

직사각형의 한 변의 길이를 x, 다른 변의 길이를 y라고 하면

$2x+2y=xy,$

여기서 $x=\dfrac{2y}{y-2}$

x와 y는 양의 정수이어야 하므로, $y-2$ 또한 양의 정수이어야 한다. 따라서 $y>2$인 정수이다.

다음을 주목하자

$x=\dfrac{2y}{y-2}=\dfrac{2(y-2)+4}{y-2}=2+\dfrac{4}{y-2}$

x는 양의 정수이므로, $\dfrac{4}{y-2}$ 또한 양의 정수이어야 한다. 그러나 $y>2$ 이기 때문에 $y=3$ 또는 $y=4$ 또는 $y=6$이다. 상응하는 x의 값은 6, 4, 3이다.

그러므로 우리가 구하고자 하는 직사각형은 한 변의 길이가 3, 다른 변의 길이가 6이거나, 각 변의 길이가 4인 정사각형이 된다.

9. 두 자릿수의 두 수

두 자릿수인 46과 96은 다음과 같은 흥미로운 특성을 가진다.

두 수 46과 96의 곱은 각각의 자리의 숫자를 바꾼 64와 69의 곱과 같다.

실제로 계산해보면 알 수 있다.

$46\times96=4416=64\times69$

이런 특성을 가진 또 다른 두 자릿수들이 있는지 알아보고 싶다. 어떻게 모두 찾아 낼 수 있을까?

구하고자 하는 두 개의 두 자릿수를 각각 $(10x+y)$와 $(10z+t)$라 하자. 그러면 이 두 수는 다음의 특성을 만족해야 한다.

$$(10x+y)(10z+t)=(10y+x)(10t+z)$$

괄호를 풀어 식을 정리하면

$$xz=yt$$

여기서 x, y, z, t는 양의 정수이고 10보다 작다. x, y, z, t를 구하기 위해 1부터 9까지의 아홉 개의 숫자 중 $xz=yt$을 만족하는 숫자의 조합을 찾아보자.

1×4=2×2	2×8=4×4
1×6=2×3	2×9=3×6
1×8=2×4	3×8=4×6
1×9=3×3	4×9=6×6
2×6=3×4	

곱했을 때 같은 값을 갖는 경우는 모두 아홉 가지다. 각각에서 하나 또는 두 개의 미지의 수 그룹을 만들 수 있다. 예를 들어 등식 1×4=2×2으로 하나의 답을 만든다.

12×42=21×24

등식 1×6=2×3에서 두 개의 답을 구한다.

12×63=21×36 ; 13×62=31×26

이런 방법으로 다음 14가지 답을 찾을 수 있다.

12×42=21×24	23×96=32×69
12×63=21×36	24×63=42×36
12×84=21×48	24×84=42×48

$$13\times62=31\times26 \qquad\qquad 26\times93=62\times39$$

$$13\times93=31\times39 \qquad\qquad 34\times86=43\times68$$

$$14\times82=41\times28 \qquad\qquad 36\times84=63\times48$$

$$23\times64=32\times46 \qquad\qquad 46\times96=64\times69$$

10. 세제곱의 부정방정식

임의의 세 정수 각각의 세제곱의 합은 네 번째 정수의 세제곱이 된다. 예를 들면, $3^3+4^3+5^3=6^3$

이것은 한 모서리의 길이가 $6cm$인 정육면체의 부피는 모서리 길이가 $3cm$, $4cm$, $5cm$인 정육면체 부피의 총합과 같다는 것을 의미한다(그림 3). 전해오는 말에 의하면, 플라톤이 이 관계를 연구했다고 한다.

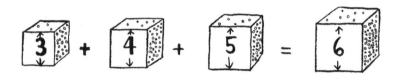

그림 3

이런 종류의 문제를 풀어보자. 즉 방정식 $x^3+y^3+z^3=u^3$ 의 해를 구해보자. 위 방정식을 보다 단순한 형태로 만들기 위해 u를 $-t$로 치환하자.

$x^3+y^3+z^3+t^3=0$

이 방정식을 만족시키는 무한개의 해(정수)를 구하는 방법을 살펴보자.

a, b, c, d와 α, β, γ, δ를 방정식을 만족시키는 두 개의 해라고 하자. 첫 번째 네 개의 수에 어떤 수 k가 곱해진 두 번째 네 개의 수를 더하자. 그리고, 다음의 수가 위의 방정식을 만족시키려면 k는 어떤 수가 되어야 하는지 알아보도록 하자.

$a+k\alpha$, $b+k\beta$, $c+k\gamma$, $d+k\delta$

다시 말해, 다음 등식을 만족시키는 k를 찾자는 말이다.

$(a+k\alpha)^3+(b+k\beta)^3+(c+k\gamma)^3+(d+k\delta)^3=0$

괄호를 풀고 a, b, c, d 와 α, β, γ, δ가 방정식의 해라는 것을 기억하면

$a^3+b^3+c^3+d^3=0$, $\alpha^3+\beta^3+\gamma^3+\delta^3=0$

따라서 아래의 부분만 남게 된다.

$3a^2k\alpha+3ak^2\alpha^2+3b^2k\beta+3bk^2\beta^2+3c^2k\gamma+3ck^2\gamma^2+3d^2k\delta+3dk^2\delta^2=0$

k로 묶어 정리하면

$3k[(a^2\alpha+b^2\beta+c^2\gamma+d^2\delta)+k(a\alpha^2+b\beta^2+c\gamma^2+d\delta^2)]=0$

두 수의 곱이 0이 되는 경우는 곱하는 수 중 적어도 하나는 0인 경우이다. 곱하는 수 각각을 0으로 보면 두 개의 k값을 얻을 수 있다. 우선, $k=0$인 경우, 이 경우는 우리의 관심을 끌지 못한다. 왜냐하면 a, b, c, d에 아무것도 더해지지 않았다면 구한 수는 당연히 우리가 가진 방정식을 만족시킨다는 것을 의미하기 때문이다. 그러므로 우리는 두 번째 k 값만 가지고 이야기 할 것이다.

$$k= \frac{(a^2\alpha+b^2\beta+c^2\gamma+d^2\delta)}{a\alpha^2+b\beta^2+c\gamma^2+d\delta^2}$$

처음 주어진 삼차 부정방정식을 만족하는 두 개의 해를 알면, 이 방정식

을 만족시키는 또 다른 해를 구할 수 있다. 이를 구하기 위해서는 k가 곱해진 두 번째 네 개의 수들을 첫 번째 네 개의 수에 더해야 하는데, 이때 k는 위에 나온 값을 갖는다.

이 방법을 사용하여 처음 방정식의 또 다른 해를 구하려면 먼저 방정식을 만족시키는 두 개의 해를 알아야 한다. 이미 우리는 한 개의 해는 알고 있다(3, 4, 5, −6). 그렇다면 이 방정식을 만족하는 두 번째 해는 어떻게 구할 것인가? 방법은 매우 간단 하다. 두 번째 네 수는 최초 방정식을 만족시키는 것이 명확한 수 $r, -r, s, -s$로 쓸 수 있다. 다시 말해 다음과 같이 가정할 수 있다.

$a=3,\ b=4,\ c=5,\ d=-6,$

$\alpha=r,\ \beta=-r,\ r=s,\ \delta=-s.$

이 경우 k값은 다음과 같다.

$$k=-\frac{-7r-11s}{7r^2-s^2}=\frac{7r+11s}{7r^2-s^2},$$

따라서 $a+k\alpha,\ b+k\beta,\ c+k\gamma,\ d+k\delta$ 는 각각 다음과 같다.

$$\frac{28r^2+11rs-3s^2}{7r^2-s^2}\ ,\quad \frac{21r^2-11rs-4s^2}{7r^2-s^2}$$

$$\frac{35r^2+7rs+6s^2}{7r^2-s^2}\ ,\quad \frac{-42r^2-7rs-5s^2}{7r^2-s^2}$$

앞서 언급했던 것처럼 이 네 수는 방정식 $x^3+y^3+z^3+t^3=0$을 만족시킨다.

위의 네 수 모두 분모가 같고 $(7r^2-s^2)\neq 0$이므로 분모를 약분하자(즉 이 분수들의 약수 또한 위의 방정식을 만족시킨다). 이렇게 다음의 수들은 위의 방정식을 만족시킨다($r,\ s$가 어떤 수가 되든 상관없다).

$x=28r^2+11rs-3s^2$

$$y=21r^2-11rs-4s^2$$

$$z=35r^2+7rs+6s^2$$

$$t=-42r^2-7rs-5s^2$$

물론 이 식들을 세 제곱하여 더해봄으로써 이들이 방정식을 만족시키는지 직접 확인해 볼 수 있다. r, s에 여러 가지 정수를 대입시키면, 우리는 방정식의 해, 즉 일련의 정수들을 구할 수 있다. 만일 이 경우 얻어진 수가 공약수를 가진다면, 그 공약수로 나눌 수 있다. 예를 들면, $r=1$, $s=1$일 경우, x, y, z, t의 값은 36, 6, 48, −54 이거나, 또는 6으로 나누어서 6, 1, 8, −9 가 된다.

$$6^3+1^3+8^3=9^3$$

여기에 이런 유형의 일련의 예가 있다(공약수로 약분한 후 얻어지는).

$r=1$, $s=2$ 일 때	$38^3+73^3=17^3+76^3$
$r=1$, $s=3$ 일 때	$17^3+55^3=24^3+54^3$
$r=1$, $s=5$ 일 때	$4^3+110^3=67^3+101^3$
$r=1$, $s=4$ 일 때	$8^3+53^3=29^3+50^3$
$r=1$, $s=-1$ 일 때	$7^3+14^3+17^3=20^3$
$r=1$, $s=-2$ 일 때	$2^3+16^3=9^3+15^3$
$r=2$, $s=-1$ 일 때	$29^3+34^3+44^3=53^3$

주목할 점은 처음의 네 수 3, 4, 5, −6에, 또는 새로 얻은 네 수들 중 하나의 자리를 바꾸고 이 방법을 적용한다면, 우리는 새로운 계열의 답을 얻을 수 있다는 것이다. 예를 들면, 네 수가 3, 5, 4, −6 인 경우(즉 $a=3$,

$b=5$, $c=4$, $d=-6$이라고 가정하고) x, y, z, t의 값은 다음과 같다.

$$x=20r^2+10rs-3s^2$$

$$y=12r^2-10rs-5s^2$$

$$z=16r^2+8rs+6s^2$$

$$t=-24r^2-8rs-4r^2$$

이로써 r, s 값에 따라 일련의 새로운 관계를 얻는다.

$r=1$, $s=1$ 일 때	$9^3+10^3=1^3+12^3$
$r=1$, $s=3$ 일 때	$23^3+94^3=63^3+84^3$
$r=1$, $s=5$ 일 때	$5^3+163^3+164^3=206^3$
$r=1$, $s=6$ 일 때	$7^3+54^3+57^3=70^3$
$r=2$, $s=1$ 일 때	$23^3+97^3+86^3=116^3$
$r=1$, $s=-3$ 일 때	$3^3+36^3+37^3=46^3$

이 방법으로 방정식의 답을 무한히 얻을 수 있다.

11. 십만 마르크짜리 정리

십만 마르크 _{독일의 화폐 단위—옮긴이}의 상금이 걸려 매우 유명해진 부정방정식이 있다. 1908년 독일의 뷜스켈은 2007년까지 이 부정방정식을 해결한 사람에게 자신의 전 재산인 10만 마르크를 상속할 것을 유언 했었다.

—옮긴이

그것은 바로 '페르마의 대정리' 또는 '페르마의 마지막 정리' 라고 불리는 'n이 2보다 큰 자연수일 때, 방정식 $x^n+y^n=z^n$ 을 만족하는 양의 정수 x, y, z 는 존재하지 않는다' 였다.

좀 더 자세히 알아보자. 우리는 앞에서 $x^2+y^2=z^2$ 와 $x^3+y^3+z^3=t^3$ 두 방정식의 해가 무한하다는 사실을 알았다.

방정식 $x^3+y^3=z^3$을 만족시키는 양의 정수 x, y, z을 찾아보라! 당신의 시도는 부질없는 것이 될 것이다.

다섯 제곱, 여섯 제곱, 일곱 제곱 등의 거듭제곱에서도 그 예를 찾을 수 없다. 이는 '페르마의 대정리' 를 확인하는 것이다.

그러면 응모자들에게 무엇을 요구하자는 것인가? 응모자들은 이 상황이 모든 거듭제곱에 해당된다는 것을 증명해야 한다. '페르마의 대정리' 는 아직도 증명이 되지 않았다.

페르마의 정리가 나온 지 300년이 지났으나 수학자들은 컴퓨터를 이용하여 15만 제곱까지 증명하였으나, 아직도 그 일반적인 해법은 찾지 못하고 있다.

가장 위대한 수학자들조차 이 문제를 가지고 고심하였으나, 부분적인 지수들 또는 지수 그룹에 대한 정리를 증명하였을 뿐, 모든 정수로 된 지수에 대한 일반적인 증명을 찾는 것은 아직도 과제로 남아있다.

잡힐 듯 잡히지 않는 '페르마의 마지막 정리' 의 증명이 한 때 발견되었으나 다시 자취를 감추어버린 사실이 있다니 놀랍지 않은가! 이 정리를 주창한 17세기 위대한 수학자 피에르 페르마 페르마(1603~1665)는 전문적인 수학자는 아니었다. 법률가였고, 국회 고문인 그는 일 중간 중간에 수학 탐구자로 활동하였다. 이는 그가 위대한 발견을 하는데 장애물이 되지 못했다. 그 시대 관습 상 그는 자신의 발견을 책으로 출판하지 않고, 파스칼, 데카르트, 귀갱스, 로베르발 등 자신의 친구들에게 편지로 알렸다. 는 스스로 정리를 증명했다고 확신하였다. _{사실 그는 n = 4인 경우 자신이 증명을 써서 남겼다.-옮긴이} 그는 자신의 '대정리'를 (마치 수 이론의 다른 정리들과 한 부류인 것처럼) 디오판토스의 저술에 관한 각주형식으로 다음과 같이 썼다.

'나는 이 전제에 대한 정말 놀랄만한 증명을 발견하였다. 그러나 옮기기엔 지금 지면이 부족하다.'

어떤 종이에도, 그의 메모에서도, 다른 어디에도 이 증명의 흔적을 발견할 수는 없었다.

페르마의 추종자들은 독자적인 길을 걸어야 했다.

여기에 그 노력의 결실이 있다.

오일러 (1787)는 페르마의 정리를 세 제곱과 네 제곱인 경우에 대해 증명하였다. 다섯 제곱은 레잔드르(1823), 일곱 제곱 (합성수로 된 지수(4는 제외)에 대한 특별한 증명은 불필요하다. 이 경우는 지수가 소수로 이루어진 경우이다.) 은 라메와 레베그(1840)가 증명하였다.

1849년 쿠머는 보다 광범위한 영역의 거듭제곱, 즉 100미만의 모든 거듭제곱 지수에 대한 정리를 증명하였다. 이 마지막 작업은 페르마가 알고 있던 수학적 영역의 한계를 한참 벗어난 것이었고, 따라서 페르마는 어떻게 자신의 '대정리'를 증명할 수 있었는지 수수께끼로 남는다. 아니면, 페르마가 실수했을 가능성도 있다.

페르마 문제의 역사와 현재 상태에 관해 관심이 있는 사람들에게 힌친 _{A. Ya.Khinchin(1894~1959) 러시아의 수학자 -옮긴이} 의 소책자 '페르마의 대정리'를 권할 수 있겠다. 전문가에 의해 쓰여진 이 소책자는 수학적 기본지식만 있으면 읽을 수 있는 책이다. _{프린스턴 대학의 와일즈(Andrew Wiles)가 1994년 페르마의 마지막 정리를 증명했다. -옮긴이}

피타고라스 수

매우 정확하고 편리하여 측량가들이 주로 사용하는 방법 중 하나로 지형에 수선을 긋는 법이 있는데 그 활용은 다음과 같다. 점 A를 지나고, 직선 $\overline{AM}$에 수직인 선을 그려야 한다고 하자(그림 14). 점 A에서부터 점 M의 방향으로 임의의 거리 a의 세 배만큼 줄을 늘린다. 줄 두 개를 각각 $4a$, $5a$의 길이로 점 A와 점 B에 연결한다. 그리고 점 A에 연결한 줄을 밑으로 늘어뜨리고 미리 책정한 $4a$의 길이가 되는 점 C로 $5a$의 줄을 연결하면 각A는 직각이 된다.

천여 년 전 이집트의 피라미드를 만들 때 이미 사용되었던 이 고대의 방법은 모든 직각 삼각형의 변의 길이의 비가 $3 : 4 : 5$를 이룬다는 유명한 피타고라스의 정리를 바탕에 두고 있다.

$$3^2 + 4^2 - 5^2$$

수 3, 4, 5 외에도 무한한 양의 정수 a, b, c도 이 관계를 성

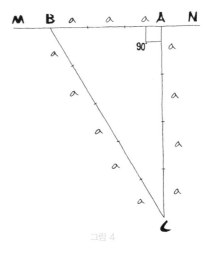

그림 4

립시킨다

$$a^2+b^2=c^2$$

이들을 피타고라스의 수라고 부른다. 피타고라스의 정리에 따라 이 수들은 직각 삼각형의 세 변의 길이가 된다. a, b는 '밑변'과 '높이' c는 '빗변'이라고 부른다.

a, b, c가 피타고라스의 세 수가 확실하다면 pa, pb, pc (여기서 p는 정수)도 피타고라스의 수이다. 반대로 피타고라스 수가 공약수를 가진다면, 이 공약수를 약분하면 다시 피타고라스 수를 얻게 된다. 그러므로 처음부터 단순화된 피타고라스 수 세 개만 찾으면 된다(나머지는 승수인 정수 p를 곱함으로써 얻어진다).

세 수 a, b, c에서 빗변 c를 제외한 두 변 중 하나는 짝수이어야 하고, 다른 하나는 홀수이어야 함을 증명해보자. 역 추론을 해보자. 두 변 a, b가 모두 짝수라면, a^2+b^2도 짝수가 되는데, 이는 곧 '빗변' c도 짝수가 됨을 의미한다. 하지만 a, b, c 모두 짝수라면 이들은 공약수 2를 가지므로, 이는 a, b, c가 공약수를 가지지 않는다는 사실에 모순된다. 따라서 두 변 a, b중 하나라도 홀수가 되어야 한다.

아직 증명이 끝난 것은 아니다. 하나의 가능성이 더 남아있다. 즉, 두 변 a, b가 모두 홀수이고 빗변 c는 짝수인 경우이다. 이것이 불가능하다는 것을 증명하는 것은 어렵지 않다. 실제로 빗변을 제외한 두 변 a, b가 다음 형태로 된다면

$2x+1$ 그리고 $2y+1$,

이 수의 제곱은

$$4x^2+4x+1+4y^2+4y+1=4(x^2+x+y^2+y)+2$$

즉, 이 수는 4로 나누었을 때 나머지 2를 갖는다. 모든 짝수의 제곱은 4로 나누었을 때 나누어 떨어진다. 이는 두 홀수를 각각 제곱하여 더했을 때 나온 수가 임의의 짝수의 제곱이 아니라는 것을 의미한다. 다시 말해, 이 세 수는 피타고라스의 수가 아니다.

따라서 직각 삼각형의 두 변 a, b중 하나는 짝수, 다른 하나는 홀수이다. 그러므로 a^2+b^2은 홀수이고, 이는 직각 삼각형의 '빗변' c도 홀수임을 의미한다.

직각 삼각형의 빗변 c를 제외한 두 변 a, b에서 a가 홀수이고, b는 짝수라고 가정하고 정의해 보자. 등식 $a^2+b^2=c^2$에서 우리는 쉽게 다음을 얻는다.

$$a^2=c^2-b^2=(c+b)(c-b)$$

우변에 있는 승수 $c+b$와 $c-b$는 서로소이다. 만일 이 수들이 1이 아닌 소수를 공약수로 가진다면 그 공약수로 나누어질 것이고,

합은 $(c+b)+(c-b)=2c$,

차는 $(c+b)-(c-b)=2b$,

곱은 $(c+b)(c-b)=a^2$이다.

즉 $2c$, $2b$와 a는 공약수를 가진다. a는 홀수이므로, 이 공약수는 2가 아니다. 그러면 a, b, c는 공약수를 가질 수 없다. 모순이다. 따라서 $c+b$, $c-b$는 서로소이다.

그러나 서로소인 수의 곱이 정확이 어떤 수의 제곱이면, 그 수 각각은 또 다른 어떤 수들의 제곱이 된다. 즉

$c+b=m^2,$

$c-b=n^2$

이 방정식을 풀이하면, 다음과 같다.

$c=\dfrac{m^2+n^2}{2}, \; b=\dfrac{m^2-n^2}{2},$

$a^2=(c+b)(c-b)=m^2n^2, \; a=mn$

이렇듯 살펴본 피타고라스 수는 다음 형태를 갖는다.

$a=mn, \; b=\dfrac{m^2-n^2}{2}, \; c=\dfrac{m^2+n^2}{2},$

여기서 m, n은 서로소인 어떤 홀수이다. 여러분은 역으로도 쉽게 확인할 수 있다.

어떤 홀수가 m, n 이 되더라도 위의 공식은 피타고라스의 세 수를 부여한다.

여기에 m, n이 서로 다른 경우 얻을 수 있는 피타고라스의 세 수의 다양한 경우가 있다.

$m=3$, $n=1$ 일 때	$3^2+4^2=5^2$
$m=5$, $n=1$ 일 때	$5^2+12^2=13^2$
$m=7$, $n=1$ 일 때	$7^2+24^2=25^2$
$m=9$, $n=1$ 일 때	$9^2+40^2=41^2$
$m=11$, $n=1$ 일 때	$11^2+60^2=61^2$
$m=13$, $n=1$ 일 때	$13^2+84^2=85^2$
$m=5$, $n=3$ 일 때	$15^2+8^2=17^2$
$m=7$, $n=3$ 일 때	$21^2+20^2=29^2$
$m=11$, $n=3$ 일 때	$33^2+56^2=65^2$

$m=13$, $n=3$ 일 때	$39^2+80^2=89^2$
$m=7$, $n=5$ 일 때	$35^2+12^2=37^2$
$m=9$, $n=5$ 일 때	$45^2+28^2=53^2$
$m=11$, $n=5$ 일 때	$55^2+48^2=73^2$
$m=13$, $n=5$ 일 때	$65^2+72^2=97^2$
$m=9$, $n=7$ 일 때	$63^2+16^2=65^2$
$m=11$, $n=7$ 일 때	$77^2+36^2=85^2$

(위의 것들 외의 모든 피타고라스 세 수는 공약수를 가지든가, 100이상의 수를 포함한다.)

피타고라스 수는 일련의 흥미로운 특성들을 가지는데, 아래에 증명 없이 나열해 보았다.

빗변을 제외한 두 변 중 하나는 3의 배수이다.

빗변을 제외한 두 변 중 하나는 4의 배수이다.

피타고라스 수 중 하나는 5의 배수이다.

여러분은 위에 인용된 피타고라스 수 그룹의 예에서 이 특성들을 확인할 수 있을 것이다.

여섯 번째 연산법과 이차 방정식

❧

덧셈과 곱셈은 각각 뺄셈과 나눗셈이라는 역산을 하나씩 갖습니다. 반면, 다섯 번째 수학연산인 거듭제곱(예를 들어 $x^n = a$의 연산)은 밑(즉 x), 또는 지수(즉 n)를 구하는 두가지 역산을 갖습니다. 밑 x를 찾는 것이 수학의 여섯 번째 연산이고 근을 찾는다고 말합니다. 지수 n을 찾는 것은 일곱 번째 연산이고 로그라고 부릅니다. 덧셈과 곱셈의 경우에는 역산을 하나씩만 가지는데 비해, 거듭제곱이 두 개의 역산을 갖는 이유를 이해하는 것은 어렵지 않습니다. 그 이유는 덧셈과 곱셈에서는 교환법칙이 성립하지만 거듭제곱에서 사용되는 수, 즉 밑과 지수는 서로 동등한 입장이 아니기 때문에 둘의 자리를 바꾸어서는 안되기 때문입니다. 즉 이 경우 교환법칙은 성립하지 않습니다(예를 들어 $3^5 \neq 5^3$). 그래서 덧셈이나 곱셈의 경우 미지수를 찾기 위해 간단히 각각의 역산인 뺄셈이나 나눗셈을 이용하지만, 거듭제곱의 밑과 지수를 찾기 위해서는 기존의 그것과는 다른 여러 방법으로 찾아내야 합니다.

이번 장에서는 수학의 여섯 번째 연산법에 대해서 간단하게 알아보고 그것과 깊은 관련이 있는 이차방정식 문제들을 풀어보도록 합시다.

1. 여섯 번째 연산법

여섯 번째 연산의 근(또는 해)을 구하는 것을 $\sqrt{\ }$로 표시하고 루트(root) 또는 근호라고 읽는다. 이것은 라틴어로 '뿌리' 라는 단어의 첫 번째 글자 r의 변형으로 만들어 졌다. 근을 표시할 때 소문자 r이 아닌 대문자 R을 사용했을 때도 있었다(16세기). 어떤 근을 구해야 하는지 제시하기 위해 대문자 R 옆에 라틴어로 '제곱' 이란 단어의 첫 알파벳 $'q'$ 또는 '세 제곱' 의 $'c'$ 를 사용했다. 예를 들면, 현재의 기호

$$\sqrt{4352}$$

대신

$Rq.4352$

를 썼었다.

그 시기에는 현재 우리가 일반적으로 사용하는 덧셈과 **뺄셈기호** 대신 $p., \ m.$ 이란 철자를 사용했었고, 괄호도 ⌐ ⌐ 로 사용했다. 당시의 수학

기호들을 사용하여 식을 써보면 우리에게는 익숙하지 않은 형태의 식이 나온다.

다음은 봄벨리 Bombelli 1530~1572 이탈리아의 수학자-옮긴이 의 '수학' 에서 인용 한 예다.

$R.c. \ \llcorner R.q.4352p.16 \lrcorner \ m.R.c. \ \llcorner R.q.4352m.16 \lrcorner$.

이것을 현재 우리가 사용하는 수학기호로 바꾸면

$$\sqrt[3]{4352+16} \ - \ \sqrt[3]{4352-16}.$$

지금은 동일한 연산을 하는데 $\sqrt[n]{a}$ 외에, 같은 의미를 지닌 $a^{\frac{1}{n}}$ 도 사용한다. 이 기호는 연산을 일반화 할 때 굉장히 편리하다. 각각의 근은 지수가 분수인 거듭제곱처럼 각기 다르다는 것을 명확하게 보여주고 있다. 제곱근만 존재하는 것이 아니라 n의 값에 따라 다양한 거듭제곱의 근이 존재하며, 근호 즉, 루트를 사용하여 나타낸 이 거듭제곱의 근은 근호 대신 지수를 분수로 사용해서도 나타낼 수 있다는 것이다.-옮긴이 이 기호는 16세기 네덜란드의 저명한 수학자 스테빈 Stevin, 1548~1620, 네덜란드의 수학자, 물리학자-옮긴이 에 의해 제안되었다.

2. 어떤 것이 더 큰가?

I. $\sqrt[5]{5}$ 와 $\sqrt{2}$ 중 어떤 것이 더 클까?

이 문제와 다음 문제는 근의 값을 계산하지 않고 풀어서 맞힐 수 있어야 한다.

II. $\sqrt[4]{4}$ 와 $\sqrt[7]{7}$ 중 어떤 것이 더 클까?

Ⅲ. $\sqrt{7}+\sqrt{10}$ 과 $\sqrt{3}+\sqrt{19}$ 중 어떤 것이 더 큰가?

Ⅰ.

두 수를 10제곱으로 만들면

$(\sqrt[5]{5})^{10}=5^2=25, \quad (\sqrt{2})^{10}=2^5=32$

32〉25 이므로,

$\sqrt{2}>\sqrt[5]{5}$

Ⅱ.

두 수를 28 제곱으로 만들면

$(\sqrt[4]{4})^{28}=4^7=2^{14}=2^7\times2^7=128^2,$

$(\sqrt[7]{7})^{28}=7^4=7^2\times7^2=49^2$

128〉49 이므로

$\sqrt[4]{4}>\sqrt[7]{7}$

Ⅲ.

두 수를 제곱하면

$(\sqrt{7}+\sqrt{10})^2=17+2\sqrt{70},$

$(\sqrt{3}+\sqrt{19})^2=22+2\sqrt{57}$

제곱해서 나온 수에서 각각 17을 빼면

$2\sqrt{70}$과 $5+2\sqrt{57}$

이 두수를 다시 제곱하면

280과 $253+20\sqrt{57}$

각각에서 253을 빼주면

27과 $20\sqrt{57}$

자, 이제 쉽게 비교할 수 있는 수들로 정리되었다. $\sqrt{57}$은 2 즉, $\sqrt{4}$ 보다 크므로, $20\sqrt{57} > 40$ 따라서

$$\sqrt{3} + \sqrt{19} > \sqrt{7} + \sqrt{10}$$

3. 단숨에 문제 풀기

다음의 방정식을 주의 깊게 보고 x를 구하여라.

$$x^{x^3} = 3$$

풀 이

대수학적 기호들에 익숙하다면 바로 x의 값을 생각해 낼 수 있다.

$$x = \sqrt[3]{3}$$

이때

$$x^3 = (\sqrt[3]{3})^3 = 3,$$

따라서

$$x^{x^3} = x^3 = 3,$$

이런 풀이가 한 순간에 떠오르지 않는 사람들은 다음 방법으로 간단하게 답을 찾을 수 있다.

$$x^3 = y$$

라고 하자. 그러면

$$x = \sqrt[3]{y},$$

방정식 형태는

$$({}^3\sqrt{y}\,)^y = 3,$$

양 변을 세제곱 하면

$$y^y = 3^3$$

분명하게 $y = 3$이고, 따라서

$$x = {}^3\sqrt{y} = {}^3\sqrt{3}$$

4. 대수학 코미디

여섯 번째 수학 연산을 적용하면 $2 \times 2 = 5$, $2 = 3$과 같은 말도 안되는 식이 나오는 대수학 코미디를 만들 수 있다. 이와 같이 수학이 코미디가 될 수 있다는 것은 계산을 수행할 때 그 오류는 아주 기본적인 것이나, 감추어져 금방 눈에 띄지 않는 점을 잘 이용하는 것이다.

대수학 분야의 코미디를 한번 감상해 보자.

우선 처음에 무대 위에 의심의 여지가 없는 등식이 나온다.

$$4 - 10 = 9 - 15$$

다음 장면에서 등식의 양변에 $6\frac{1}{4}$을 똑같이 더한다.

$$4 - 10 + 6\frac{1}{4} = 9 - 15 + 6\frac{1}{4}$$

진짜 재미있는 것은 다음 변화에 있다.

$$2^2 - 2 \times 2 \times \frac{5}{2} + (\frac{5}{2})^2 = 3^2 - 2 \times 3 \times \frac{5}{2} + (\frac{5}{2})^2,$$
$$(2 - \frac{5}{2})^2 = (3 - \frac{5}{2})^2$$

등식의 양변에 루트를 씌우면

$$2-\frac{5}{2}=3-\frac{5}{2}$$

양변에 $\frac{5}{2}$ 를 더하면 난센스 등식이 만들어진다.

$$2=3$$

여러분은 어디서 실수가 발생했는지 눈치챘는가?

풀 이

실수는 다음과 같다.

$$(2-\frac{5}{2})^2=(3-\frac{5}{2})^2$$

위 등식에서 다음 결과가 도출되었다.

$$2-\frac{5}{2}=3-\frac{5}{2}$$

하지만 제곱한 값이 같다고 밑이 같은 것은 아니다. $(-5)^2=5^2$ 이긴 하나,

-5는 5가 아니다. 밑의 부호가 다른 경우에도 제곱 값은 같을 수 있다. 즉, 세

제곱의 절댓값이 같더라도 그 수의 부호는 양수 또는 음수로

서로 다를 수 있다.—옮긴이 우리가 위에서 본

예는 바로 다음 경우이다.

$$(-\frac{1}{2})^2=(\frac{1}{2})^2$$

그러나 $-\frac{1}{2}$ 과 $\frac{1}{2}$ 은 같지 않다.

이것과 마찬가지로 $2\times2=5$ 라

는 코미디도 있다.

앞의 예에 따라 상연되고 같은

속임수를 기반으로 한다. 무대에

의심할 여지가 없는 등식이 등장한다.

$16-36=25-45$

같은 수 $20\frac{1}{4}$ 를 더하면

$16-36+20\frac{1}{4}=25-45+20\frac{1}{4}$

그리고 다음과 같이 변화시키면

$4^2-2\times4\times\frac{9}{2}+(\frac{9}{2})^2=5^2-2\times5\times\frac{9}{2}+(\frac{9}{2})^2$,

$(4-\frac{9}{2})^2=(5-\frac{9}{2})^2$

이어, 제멋대로인 결론을 가지고 마지막으로 치닫는다.

$4-\frac{9}{2}=5-\frac{9}{2}$

$4=5$,

$2\times2=5$

이런 웃기는 상황은 경험이 부족한 수학자들이 루트 안에 미지수가 있는 방정식을 해결할 때 부주의하게 계산할 수 있다는 것을 미리 경고하고 있다.

5. 악수하기

회의 참석자들이 악수를 나누고 있는데, 누군가 악수한 횟수를 세어보니 총 66회가 되었다. 몇 명이 회의에 참석한 것인가?

풀이

이 문제는 대수학을 이용하여 아주 간단하게 풀이할 수 있다. 총 참석자 x 명은 각각 $x-1$번의 악수를 했다. 따라서 모든 참석자가 한 악수의 횟수는 $x(x-1)$번이 된다. 그러나 여기서 주의해야 할 점은 A가 B와 악수를 하면,

B도 A와 악수를 하고 있다는 점이다. 중복된 경우는 한번으로 세어야 한다. 그러므로 누군가가 세어본 모든 악수의 횟수는 $x(x-1)$의 반이다. 따라서 다음과 같은 방정식이 만들어진다.

$$\frac{x(x-1)}{2} = 66$$

괄호를 풀어 식을 정리하면

$$x^2 - x - 132 = 0$$

여기서

$$x = \frac{1 \pm \sqrt{1+528}}{2},$$

$$x_1 = 12, \quad x_2 = -11$$

이 이차방정식의 해가 음수인(−11) 경우 문제의 조건에(우리가 구하고자 하는 것은 참석자의 수이므로 해는 0보다 큰 양수) 부합되지 않으므로 우리가 원하는 답은 $x=12$뿐이다. 따라서 회의 참석자는 12명이다.

6. 벌떼

고대 인도에서는 '난해한 수학문제 풀이 대회' 라는 독특한 경기가 유행했었다. 당시 수학 전문가들은 이와 같은 지혜를 겨루는 경기에서 우수한 성적을 얻고자 하는 사람들에게 도움이 될 수 있는 학습서를 만들고자 하였다. 이런 취지로 만들어진 한 수학책에는 다음과 같이 쓰여져 있었다.

'여기 설명된 법칙에 따르면, 현자는 천 가지의 다른 문제들을 고안해 낼 수 있다. 태양이 자신의 빛으로 별빛을 가리듯, 학자는 대수학 문제를 만들고 풀이하여 대회에서 다른 사람의 명성을 가린다.'

책은 시적으로 쓰여져 있다. 문제는 아예 시로 제시되었다. 그 중 한 문제를 산문으로 풀어 소개하고자 한다.

전체 벌떼 중 절반의 제곱근과 같은 수의 벌들이 재스민나무에 앉아 있다. 그리고 전체의 $\frac{8}{9}$ 벌들은 다른 곳에 있다. 전체 벌떼 중 한 마리만이 연꽃의 달콤한 꽃 향기에 푹 빠진 여자 친구의 웅웅거림에 매혹되어 연꽃 주위를 함께 맴돌고 있을 뿐이다. 벌떼에 있는 벌의 수는 총 몇 마리인가?

풀이

전체 벌의 수를 미지수 x로 하면 다음 방정식을 만들 수 있다.

$$\sqrt{\frac{x}{2}} + \frac{8}{9}x + 2 = x$$

방정식을 간단히 하기 위해 $y = \sqrt{\frac{x}{2}}$ 라고 하자.

그러면 $x = 2y^2$ 이고, 방정식은

$y + \frac{16y^2}{9} + 2 = 2y^2$, 또는 $2y^2 - 9y - 18 = 0$이 된다.

위의 이차 방정식을 풀면 두 개의 y값을 구할 수 있다.

$y_1 = 6$, 또는 $y_2 = -\frac{3}{2}$

따라서 x값은

$x_1 = 72$, 또는 $x_2 = 4\frac{1}{2}$

전체 벌의 수는 양의 정수이므로 x_1만이 문제를 만족시킨다. 따라서 전체 벌떼는 72마리의 벌로 구성되어 있음을 알 수 있다. 검산하면

$$\sqrt{\frac{72}{2}} + \frac{8}{9} \times 72 + 2 = 6 + 64 + 2 = 72가 됨을 알 수 있다.$$

7. 원숭이 무리

또 다른 인도 문제를 한번 살펴보자. 마찬가지로 산문으로 풀어서 소개하겠다.

두 무리로 나뉘어 원숭이들이 놀고 있다. 전체 원숭이 중에서 $\frac{1}{8}$의 제곱은 숲에서 장난치며 소란을 피우고, 열두 마리는 요란한 함성 소리를 지르면서 주위를 시끄럽게 만들었다. 숲에 모두 몇 마리의 원숭이가 함께 있을까?

풀이

전체 무리에 속한 모든 원숭이의 수를 x라 하면

$$(\frac{x}{8})^2+12=x$$

해를 구하면

$$x_1=48, \quad x_2=16$$

이 경우 문제는 두 개의 답을 갖는다. 무리에는 48마리 또는 16마리의 원숭이가 있었다. 두 경우 모두 문제를 충분히 만족시킨다.

8. 방정식의 예측성

앞에서 방정식이 두 개의 해를 가지는 경우 우리는 문제의 조건에 따라 답을 선택하였다. 첫 번째 경우, 문제의 조건에 부합하지 않는 음수 근은 버렸고, 두 번째는 분수를 제외하였고 세 번째 문제에서는 두 가지 해를 모두 채택하였다. 또 하나의 답이 존재한다는 사실은 때론 문제를 푸는 사람에게도, 아니 문제를 만들어낸 사람들에게 조차도 기대치 않았던 것이 될 수 있다. 방정식이 그것을 고안해 낸 사람보다 더 예지력이 있는 예를 들어보자.

공을 $25m/s$.의 속력으로 위로 던졌다. 공은 몇 초 후 지면에서 $20m$ 떨어진 곳에 위치할까?

공기저항이 없다고 가정했을 경우 위로 던져진 물체의 움직임은 물체가 올라간 높이(h), 초기 속도(v), 중력가속도(g) 그리고 시간(t)을 가지고 다음의 상호관계가 설정된다.

$$h=vt-\frac{gt^2}{2}$$

이 경우 공기저항은 무시하자. 왜냐하면, 작은 속도에서는 공기저항이 그리 크지 않기 때문이다. 계산을 간단하게 하기 위해 중력가속도 g를 $9.8m/s^2$가 아닌 $10m/s^2$ (오차는 2%)로 적용하겠다. 위의 공식에 h, v, g 값을 대입하면

$$20=25t-\frac{10t^2}{2},$$

식을 정리하면

$$t^2-5t+4=0$$

이차 방정식을 풀면

$$t_1=1,\ t_2=4$$

공은 $20m$ 높이에 두 번 도달한다. 즉 1초가 지났을 때 그리고 4초가 지났을 때이다. 우리는 별 생각 없이 두 번째 답을 무시하려 할 수 있다. 하지만 답을 버리는 것은 실수다. 두 번째 답은 전혀 다른 의미를 갖는다. 공은 실제로 $20m$ 높이에 두 번 위치한다. 한 번은 솟아오를 때, 두 번째는 낙하할

때이다.

공은 초기속도 $25m/s$로 2.5초 동안 위로 $31.25m$ 올라간다는 계산은 쉽게 할 수 있다. 공은 던져진 뒤 1초 후 높이 $20m$를 지나, 1.5초를 더 올라가고, 이어 1.5초 동안 낙하 후 다시 지상 $20m$ 높이를 지나, 1초 후 땅에 떨어진다.

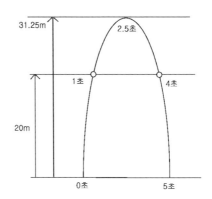

이 문제의 경우 공의 최고 높이는 공의 속도 v_1과 중력가속도의 관계식 $v_1=v-gt$ 에서 $v_1=0$으로 놓으면 (최고 높이에서 속도는 0이 되므로) $v=gt$ 에서 최고점 도달시간 $t=\dfrac{v}{g}=\dfrac{25}{10}=2.5$초가 나온다. 따라서 $h=vt-\dfrac{gt^2}{2}$ 에서 최고점 높이는

$$h=25\times2.5-10\times\frac{2.5^2}{2}=31.25(m)$$이다.

스탕달은 '자서전'에서 다음과 같이 자신의 학창시절에 관하여 이야기하고 있다.

'나는 우리 수학선생님이 오일러   의 책을 가지고 있다는 것을 알게 되었다(책 속에는 농부가 시장에 내다팔려는 계란의 수에 관한 문제가 있었다). 나에게 이것은 하나의 새로운 발견이었다. 나는 그 책을 통해 대수학이라 불리는 무기를 사용한다는 것이 무슨 의미인지 이해할 수 있었다. 그런데, 제기랄, 아무도 그것에 관해 나에게 말해주지 않았다니······.'

젊은 스탕달의 뇌리에 강한 인상을 심어준 오일러의 《대수학 개론》에 나오는 문제를 여기서 소개하고자 한다.

농촌의 아주머니 두 분이 총 100개의 계란을 가지고 시장으로 갔다. 첫 번째 아주머니가 가져간 계란은 다른 아주머니의 계란 보다 더 컸다. 각자 계란을 다 팔고 나서 보니 두 사람은 똑같은 액수의 돈을 벌었다. 첫 번째 아주머니가 다른 아주머니에게 말하였다.

"만일 내가 당신 계란을 팔았더라면 15크로이처^{옛 독일과 오스트리아 등지에서 사용되던 구} _{리 동전의 단위–옮긴이} 를 벌었을 텐데······"

그러자 두 번째 아주머니가 대답했다.

"만일 당신 계란을 내가 팔았더라면, 나는 $6\frac{2}{3}$크로이처를 벌었을 거야."

각각 몇 개의 계란을 가지고 있었나?

풀이

첫 번째 아주머니에게 x개의 계란이 있었다면, 두 번째 아주머니는 $100-x$개의 계란을 가지고 있었다. 첫 번째 아주머니는 만일 자기가 $100-x$개의 계란을 가졌다면, 그녀는 15크로이처를 벌었을 거라고 했다. 이는 첫 번째 아주머니가 계란 하나당 다음의 가격으로 팔았다는 의미이다.

$$\frac{15}{100-x}$$

같은 방법으로 두 번째 아주머니가 첫 번째 아주머니의 계란 x개를 하나당 얼마에 팔았는지 알 수 있다.

$$6\frac{2}{3} \div x = \frac{20}{3x}$$

두 아주머니가 각각 번 돈은 다음과 같이 나타낼 수 있다.

첫 번째 아주머니 : $x \times \dfrac{15}{100-x} = \dfrac{15x}{100-x}$,

두 번째 아주머니 : $(100-x) \times \dfrac{20}{3x} = \dfrac{20(100-x)}{3x}$

두 아주머니가 번 돈이 동일하므로

$$\frac{15x}{100-x} = \frac{20(100-x)}{3x}$$

식을 정리하면

$$x^2 + 160x - 8{,}000 = 0$$

그러므로

$$x_1 = 40, \ x_2 = -200.$$

이 경우 해가 음수인 것은 의미를 갖지 못한다. 따라서 이 문제는 하나의 답만 갖는다. 즉 첫 번째 아주머니는 40개를, 두 번째 아주머니는 60개의 계란을 가지고 시장에 왔음을 의미한다. 첫 번째 아주머니는 1/4 크로이서, 두 번째 아주머니는 1/6 크로이서에 계란을 팔았다. ―옮긴이

이 문제는 또 다른 간단한 방법으로 풀이할 수도 있다. 훨씬 기발한 방법이긴 하나, 그 만큼 그 방법을 발견하기란 무척이나 어렵다.

두 번째 아주머니가 첫 번째 아주머니보다 k배 더 많은 계란을 가졌다고 하자. 그들은 각자의 계란을 팔아 같은 금액의 돈을 벌었다. 이는 첫 번째 아주머니가 자신의 계란을 두 번째 아주머니보다 k배 더 비싸게 팔았다는 말이다. 만일 계란을 팔기 전에 그들이 계란을 바꾸었다면, 첫 번째 아주머니가 두 번째 아주머니보다 k배 더 많은 계란을 가지고 k배 더 비싸게 팔았을 것이다. 이는 첫 번째 아주머니가 두 번째 아주머니보다 k²더 많은 돈

을 벌었다는 말이다. 즉

$$k^2 = 15 \div 6\frac{2}{3} = \frac{45}{20} = \frac{9}{4},$$

따라서

$$k = \frac{3}{2}$$

이제는 계란 100개를 3 : 2비율로 나누기만 하면 된다. 첫 번째 아주머니가 40개의 계란을 가졌었고, 두 번째 아주머니는 60개를 가졌었음을 쉽게 구할 수 있다.

10. 확성기

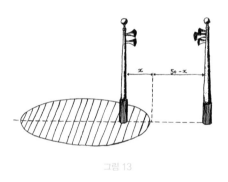

그림 13

운동장에 5대의 확성기가 두 군데로 나뉘어 설치되어 있다. 한 곳에는 2대, 다른 곳에는 3대가 있다. 두 곳의 간격은 50m이다. 두 곳의 소리가 같은 음량으로 들리는 곳에 서려면 어느 지점에 위치해야 할까? 단, 소리는 거리의 제곱에 비례해서 약해진다.

풀이

확성기가 2대 달린 곳에서부터 미지의 지점까지의 거리를 x라고 하면, 확성기 3대가 달린 곳으로부터 미지의 지점까지의 거리는 $50-x$(그림 13)이다. 소리는 거리의 제곱에 비례하여 약해지므로 다음 방정식을 만들 수 있다.

$$\frac{2}{3} = \frac{x^2}{(50-x)^2},$$

이 식을 정리하면

$$x^2 + 200x - 5,000 = 0$$

방정식을 풀면 두 개의 근이 나온다.

$$x_1 = 22.5, \quad x_2 = -222.5$$

양수인 x_1은 이 문제에서 요구하는 답이 된다. 즉, 양쪽의 소리가 똑같이 들리는 지점은 확성기 두 대가 달린 곳에서는 22.5m 떨어져 있고, 세 대가 달린 곳에서는 27.5m 떨어진 곳에 위치한다.

그러면 이 방정식의 음수근은 무엇을 의미할까?

여기서 마이너스라는 것은 양쪽의 소리가 같은 음량으로 들리는 지점이 해가 양수인 경우 위치했던 지점과 반대되는 방향에 놓여져 있다는 의미이다. 즉 확성기 두 대가 달린 곳에서부터 필요한 방향으로 222.5m 옮겨가면 확성기 소리가 동일하게 들리는 곳을 찾게 된다. 이 지점에서 확성기 세 대가 달린 곳까지의 거리는 $222.5m + 50m = 272.5m$가 된다.

이렇게 소리가 동일하게 들리는 두 개의 지점을 찾을 수 있는데, 이 지점은 두 지점과 연결되는 직선 상에 위치한다. 이 직선 상에서는 우리가 찾아 낸 두 지점을 제외하고 두 소리가 똑같이 들리는 곳은 없다. 하지만 이 선 밖에서는 그러한 지짐이 또 존재하게 된다. 이 문제의 조건을 만족시키는 점의 기하학적 위치는 지금 찾아낸 두 점을 지나는, 즉 두 점을 연결하는 선이 지름이 되는 원이라는 것을 증명할 수 있다. 이 원은 보다시피 굉장히 큰 면적이고(그림에서 사선 친 부분), 원 안에서는 어느 곳에서건 확성기 두 대가 달린 쪽의 소리가 세 대가 달린 쪽의 소리보다 크게 들린다. 하지만 이 원의 경계를 벗어나면 반대 현상이 나타난다.

러시아의 화가 보그다노프-벨스키(1868-1945)가 그린 《어려운 문제》라는 그림이 있다(그림 14). 아이들이 문제 때문에 고민을 하고 있는 모습이 잘 묘사된 그림이다. 이 그림 속에 묘사된 '어려운 문제'는 어떤 것일까? 문제는 다음 계산을 암산으로 빨리 풀어내는 것이다.

$$\frac{10^2+11^2+12^2+13^2+14^2}{365}$$

문제는 정말로 쉽지 않다. 하지만 그림 속의 학생들은 이 문제를 훌륭히 풀어냈다.

수 10, 11, 12, 13과 14는 재미있는 특성을 갖는다.

$$10^2+11^2+12^2=13^2+14^2$$

100+121+144=365이므로 그림 속에 표현된 식의 답은 2라는 것을 머릿속으로 쉽게 계산할 수 있다.

몇몇 수들이 갖고 있는 이 흥미로운 성질에 관한 문제를 우리는 대수학을 이용하여 보다 광범위하게 발전시킬 수 있다. 연속한 다섯 개의 정수 중, 처음 세 수 각각의 제곱의 합이 마지막 두 수 각각의 제곱의 합과 같은 경우는 위의 다섯 개의 수뿐일까?

구하고자 하는 다섯 개의 연속된 수들 중 맨 앞의 수를 미지수 x로 하면 다음 방정식이 만들어진다.

$$x^2+(x+1)^2+(x+2)^2=(x+3)^2+(x+4)^2$$

계산을 좀 더 편하게 하려면 두 번째 미지수를 x로 두는 방법이 있다. 이때 방정식은 보다 간단한 형태가 된다.

$$(x-1)^2+x^2+(x+1)^2=(x+2)^2+(x+3)^2$$

괄호를 풀고 식을 정리하면

$$x^2-10x-11=0$$

$$x_1=11, \ x_2=-1$$

따라서 요구되는 특성을 가지는 수는 두 쌍이다. 즉 라친스키가 낸 수의 조합인 10, 11, 12, 13, 14와 −2, −1, 0, 1, 2이다.

실제로 $(-2)^2+(-1)^2+0^2=1^2+2^2$임을 우리는 쉽게 알 수 있다.

12. 어떤 수일까

가운데 수의 제곱이 나머지 두 수의 곱보다 1이 큰 특성을 가지는 연속한 세 수를 구하라.

연속한 세 수 중 맨 앞의 수를 미지수 x로 놓으면, 다음 형태의 방정식이 만들어진다.

$$(x+1)^2=x(x+2)+1$$

괄호를 풀면 다음 등식이 얻어진다.

$x^2+2x+1=x^2+2x+1,$

여기서는 x의 값을 알 수 없다. 왜냐하면 우리가 만든 식은 항등식이기 때문이다. 즉 x에 어떤 값을 대입하여도 등식은 항상 성립한다. 그러므로 이것은 모든 연속된 세 수는 위의 특성을 가진다는 뜻이다. 무작위로 연속인 세 수를 뽑아보자.

17, 18, 19

다음을 확인할 수 있다.

$18^2-17×19=324-323=1$

연속한 세 수 중 가운데 수를 미지수 x로 하면 관계가 더 명확히 보여진다.

$x^2-1=(x+1)(x-1)$

즉 이 등식 또한 명확한 항등식이다.

달의 공전에 관한 대수학

확성기의 소리가 동일하게 들리는 지점을 찾아냈던 방법 그대로 두 개의 행성, 즉 지구와 달이 우주로켓에 동일한 인력을 미치는 지점을 찾을 수 있다.

뉴턴의 법칙에 따르면 두 물체 상호간의 잡아당기는 힘은 질량의 곱에 정비례하고 두 물체 사이의 거리의 제곱에 반비례한다. 그러므로 지구의 질량이 M, 로켓이 지구에서 떨어져 있는 거리를 x 라고 하면, 지구가 로켓 질량 1그램마다 잡아당기는 힘은 다음과 같이 표현할 수 있다.

$$\frac{Mk}{x^2}$$

여기서 k는 1cm 거리에서 1그램이 1그램을 서로 잡아당기는 힘이다.

달이 위와 동일한 지점에 있는 로켓을 1그램마다 잡아당기는 힘은 다음과 같다.

$$\frac{mk}{(l-x)^2}$$

여기서 m은 달의 질량, l 은 지구에서부터 달까지의 거리이다(로켓은 달과 지구의 중심을 연결하는 직신상에 위치한다고 가정하자). 따라서

$$\frac{Mk}{x^2} = \frac{mk}{(l-x)^2}$$

또는

$$\frac{M}{m} = \frac{x^2}{l^2 - 2lx + x^2}$$

이 된다.

$\frac{M}{m}$ 은 천문학에서 알려져 있듯이 대략 81.5이다. 이것을 식에 대입하면

$$\frac{x^2}{l^2 - 2lx + x^2} = 81.5$$

따라서

$$80.5x^2 - 163.0\,l\,x + 81.5\,l^{\,2} = 0$$

미지수 x에 관한 이차 방정식을 풀면

$$x_1 = 0.9l, \quad x_2 = 1.12l$$

확성기에 관한 문제에서처럼 우리는 지구와 달을 잇는 직선 위에 두 행성이 로켓을 끌어당기는 힘이 동일한 두 개의 점이 존재한다는 결론에 이르게 된다. 한 지점은 지구중심에서 부터 0.9 l 거리에 있고, 다른 지점은 1.12 l 거리에 있다. 지구의 중심과 달의 중심간의 거리 l 은 약 384,000km이므로, 두 지점 중 하나는 지구 중심에서 346,000km 떨어져 있고, 다른 하나는 430,000km 떨어져 있다.

그림을 위에서 설명한 형태로 그리면 그림 15와 같다.

그러나 우리는 우리가 발견한 두 지점간의 직선거리를 지름으로 하는 원 안의 모든 점들은 똑같은 특성을 갖는다는 것을 이미 알고 있다(앞의 확성기에 관한 문제에서 이것을 살펴 보았다). 만일 지구와 달의 중심을 연결하는 선에 대해 이 원을 회전시키면 구가 그려지는데, 이 구안의 모든 점들은 문제의 조건을 만족시킨다.

이 구의 지름은 달 인력 범위(달의 중력장)라고 불리고 다음과 같다.

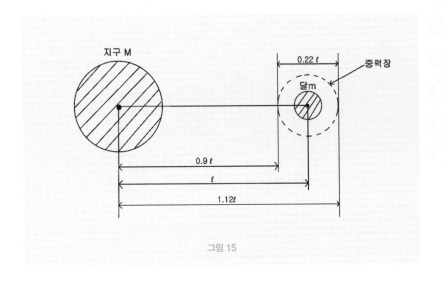

그림 15

$$1.12\,l - 0.9\,l = 0.22\,l \fallingdotseq 84,000\,km$$

흔히들 착각하고 있는 경우로, 달에 착륙하기 위해서는 달의 중력장에 도달하는 것으로 충분하다는 말들을 한다. 로켓이 중력장 안에 위치하면 (그리 크지 않은 속도를 가지고), 이 영역에서 달의 중력은 지구 중력을 능가하기 때문에 로켓은 여지없이 달 표면에 착륙할 것이라고 쉽게 착각한다. 만일 그렇다면 달로 비행하는 문제는 보다 쉬워졌을 것이다. 왜냐하면 천체에서 보여지는 $\frac{1}{2}°$ 범위 안의 달의 지름을 직접 조준하는 것이 아니라 $12°$ 각도를 갖는 $84,000\,km$ 직경의 구를 겨냥하면 되기 때문이다.

그러나 이런 가설이 잘못되었음을 증명하는 것은 어렵지 않다.

지구에서 쏘아 올린 로켓이 지구 중력에 의해 계속적으로 속도를 잃어 가면서 달의 중력장에 도달하였고, 속도는 0이 되었다고 하자. 이제 로켓

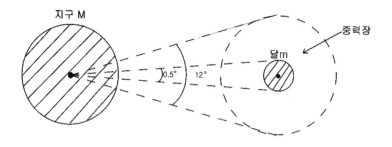

이 달에 착륙할 수 있을까? 절대로 아니다!

　이유인 즉슨 첫째로, 달의 중력장 내부에서도 지구의 중력은 계속 작용하고 있다. 그러므로 지구-달 선상에서 벗어난 곳에서는 달의 중력은 지구의 중력을 단순히 '압도' 하는 것이 아니라, 힘의 평행사변형의 법칙에 따라 지구의 중력과 어우러지는데, 이때 이러한 합력(합성력은)은 달의 방향으로 향하지 않는다(지구-달의 중심을 연결하는 선상에서만 이 합력은 똑바로 달 중심으로 향한다).

　둘째로(아주 중요한 내용임), 로켓이 달의 영향을 받고 어떻게 움직일 것인가(달에 착륙할 수 있을 것인가)를 알고 싶다면, 우리는 달 자체가 부동의 물체가 아님을 인지하고, 달에 대한 로켓의 상대적인 속도를 계산해야 한다. 왜냐하면 달 자체가 지구 주위를 $1km/s$으로 돌고 있기 때문에 달이 로켓을 잡아당기게 하려면 또는 로켓을 인공위성의 형태로 최소한 달의 중력장 안에 머무르게 하려면 달에 대한 로켓의 속도는 굉장히 커져야 하기 때문이다.

실제로 달의 중력은 로켓이 달의 중력장에 접근하기 전에도 이미 로켓의 움직임에 중요한 영향을 미치기 시작한다. 천체 비행분야에서는 로켓이 달의 영향권이라고 불리는 반경 $66,000km$ 안에 들어갈 때부터 달의 중력을 받는다고 간주한다. 이때부터 지구 중력에 관해선 완전히 잊어버리고 달에 대한 로켓의 움직임을 관찰할 수 있다. 물론 로켓이 달의 영향권 안으로 진입하기 위한 속도(달에 대한 상대적인 속도) 계산은 정확히 되어 있어야 한다. 영향권을 진입하는 속도로 달의 궤도에 그대로 오르게 하기 위해 로켓은 이 궤적으로 보내지는 것이다. 이렇게 되려면 달의 영향권은 앞질러 가는 로켓과 맞물려야 한다. 이렇듯 달에 착륙하는 것은 단순히 직경 $84,000km$ 구에 떨어지는 것처럼 간단한 일은 아닌 것이다.

06

최대값과 최소값

❖

최대값과 최소값은 우리의 일상생활과 아주 밀접하게 연관되어 있습니다.

우리는 가끔씩 전혀 의식하지 않고 최대값 또는 최소값을 구하는 일을 합니다.

예를 들어 걸어서 집에서 학교까지 가거나 집에서 출발하여 직장까지 갈 때 누구라도 한 번쯤은 어떻게 하면 제일 빨리 갈 수 있을까 또는 어떻게 하면 가장 짧은 거리로 이동할 수 있을까 하고 생각해 보았을 것입니다. 바로 최소값을 구하려고 하는 것입니다.

이 장에서는 어떤 양, 크기의 최대값 또는 최소값을 찾는 아주 흥미로운 문제들이 제시되고 있습니다. 이러한 문제를 푸는 방법은 매우 다양합니다. 너무도 다양해서 어떻게 풀어야 한다고 법칙을 세울 수 없습니다. 이러한 문제들을 계속 접해봄으로써 친숙해지는 것이 중요합니다. 이 장에서 여러분들은 여러 가지 방법 중 몇 가지를 접해봄으로써 이러한 문제들에 익숙해질 수 있을 것입니다.

1. 두 대의 기차

두 개의 철로가 직각으로 교차하여 만난다. 각각의 두 철로를 따라서 두 대의 기차가 동시에 교차 지점을 향해 달려 오고 있다. 첫 번째 기차는 교차점으로부터 $40km$ 떨어져 있는 역에서, 다른 기차는 $50km$ 떨어져 있는 역에서 출발하였다. 첫 번째 기차는 $800m/min.$의 속력으로, 두 번째 기차는 $600m/min.$의 속력으로 달린다.

각각의 기차가 출발 후 몇 분이 지나면 양 기차 사이의 거리가 최소가 될까? 이때 기차 사이의 거리는 얼마일까?

풀이

문제에 주어진 조건에 따라 기차의 움직임을 표시해 보자. 직선 $\overline{AB}$와 $\overline{CD}$는 서로 직각으로 교차한다(그림 1). 역 B는 교차점 O로부터 $40km$ 거리에 있고, 역 D는 교차점에서 $50km$ 떨어져 있다. 두 기차가 서로 가장 가까운 거리 $\overline{MN}=m$에 위치할 때까지 걸린 시간을 x라고 하자. 역 B에서 출발한 기차는 $\overline{BM}=0.8x(km)$의 (이 기차는 1분에 $800m=0.8km$ 감으로) 거리를 지나 M에 도달했다. 따라서 교차점 O로부터 M까지의 거리 $\overline{OM}=40-0.8x$이다. 마찬가지로 역 D를 출발한 열차가 N에 도달했을 때 교차점 O로부터 N까지의 거리 $\overline{ON}=50-0.6x$이다. 두 철도가 직각으로 교차함으로 피타고라스 정리에 의하면

$$\overline{MN}=m=\sqrt{\overline{OM}^2+\overline{ON}^2}=\sqrt{(40-0.8x)^2+(50-0.6x)^2}$$

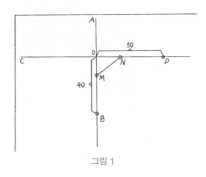

그림 1

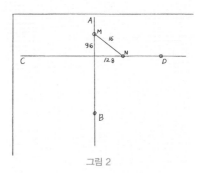

그림 2

방정식 $m=\sqrt{(40-0.8x)^2+(50-0.6x)^2}$의 양변을 제곱해서 정리하면

$$x^2-124x+4100-m^2=0$$

이 방정식을 x에 대해 풀면

$$x=62\pm\sqrt{m^2-256}$$

x는 시간이므로 허수가 될 수 없다. 따라서 m^2-256은 반드시 양수이거나 최소한 0이어야 한다. m은 두 대의 기차가 만나는 죄단거리이므로, 즉 m의 최소값 $m^2-256=0$ 일 때를 구하면

$$m^2=256, \text{ 즉 } m=16$$

m이 16보다 작아지면 x가 허수가 되므로, m은 16보다 작을 수 없다. $m^2-256=0$ 이면 $x=62$이다.

따라서 기차는 62분 후에 서로 가장 가까운 지점에 위치하고, 이때 서로 간의 거리는 $16km$가 된다.

그러면 두 기차가 그 시간에 각각 어느 위치에 도달하는지 알아보자. $\overline{OM}$의 길이를 계산해 보면

$40-62\times0.8=-9.6$

이 경우 마이너스 부호는 기차가 교차점을 9.6km 지났다는 것을 의미한다. 그리고 $\overline{ON}$의 거리는 다음과 같다.

$50-62\times0.6=12.8$

즉 두 번째 기차는 교차점에 이르기 전 12.8km에 위치한다. 기차의 위치는 그림 2에 표시되어 있다. 보다시피 그 위치는 문제를 풀기 전에 우리가 예상했던 그런 위치는 아니다. 우리가 방정식의 도움을 받지 않았다면 도저히 나올 수 없는 그런 답이다. 여기서 우리는 다시 한번 방정식의 유용성에 대해서 생각해보게 된다.

2. 어디에 간이역을 세워야 할까

철도에서 수직방향으로 $20km$ 떨어진 곳에 마을이 위치하고 있다(그림 3). A지점에서 마을이 있는 B지점까지 이동하는데, 철도로 A에서 C까지 이동하고, C부터 B까지는 도로를 이용하여 이동한다. 최단시간에 A지점에서 B지점까지 이동하려면 간이역을 어디에 위치시키는 것이 좋을까? 철도를 이용하는 구간의 속력은 $0.8km/min.$이고, 도로를 이용하는

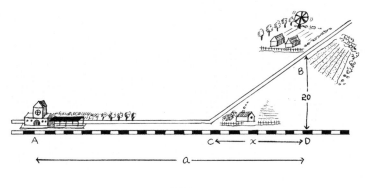

그림 3

구간에서는 $0.2km/min.$ 의 속력으로 이동한다.

풀 이

마을이 있는 지점 B에서 철도로 수직으로 선을 그었을 때 철도와 만나는 지점을 D라 하고, A부터 D까지의 거리를 a라고 하자. C부터 D까지의 거리는 x로 한다. 그러면 $\overline{AC}=\overline{AD}-\overline{CD}=a-x$ 이고 피타고라스 정리에 의해 직각 삼각형 BDC에서 빗변 $\overline{CB}=\sqrt{\overline{CD}^2+\overline{BD}^2}=\sqrt{x^2+20^2}$이다. 기차가 $\overline{AC}$를 통과하는데 걸리는 시간은

$$\frac{\overline{AC}}{0.8}=\frac{a-x}{0.8}$$

도로를 따라 $\overline{CB}$를 지나는데 걸리는 시간은

$$\frac{\overline{CB}}{0.2}=\frac{\sqrt{x^2+20^2}}{0.2}$$ 이다.

따라서 A에서 B까지 가는데 소요되는 총 시간은

$$\frac{a-x}{0.8}+\frac{\sqrt{x^2+20^2}}{0.2}$$

이 합을 m으로 나타내면,

$$\frac{a-x}{0.8}+\frac{\sqrt{x^2+20^2}}{0.2}=m$$

이 되고, 이때 m은 최소값을 가져야 한다.

방정식을 다음 형태로 나타내자.

$$-\frac{x}{0.8}+\frac{\sqrt{x^2+20^2}}{0.2}=m-\frac{a}{0.8}$$

양변에 0.8을 곱하면

$$-x+4\sqrt{x^2+20^2}=0.8m-a$$

$0.8m-a$를 k로 하고 좌변과 우변을 모두 제곱하여 식을 정리하면

$$15x^2-2kx+6{,}400-k^2=0$$

근의 공식을 이용하여 x값을 구하면

$$x=\frac{k\pm\sqrt{16k^2-96{,}000}}{15}$$

$k=0.8m-a$이므로, m이 최소값일 때 k도 최소값을 가지게 되고, m이 최대값을 가지면 k도 최대값을 갖는다. _{0.8m=a−x+4√(x²+20²)a−x+x=a 이므로, k>0 의 형태가 되야 한다.} 그러나 x가 실수가 되려면 $16k^2$이 96,000 보다 크거나 같아야 한다. 이는 $16k^2$의 최소값이 96,000이라는 의미이다. 그러므로 m은 $16k^2$ =96,000이다, 즉 $k=\sqrt{6{,}000}$이다. 그러므로

$$x=\frac{k\pm0}{15}=\frac{\sqrt{6{,}000}}{15}\fallingdotseq5.16$$

간이역은 $a=\overline{AD}$ 길이에 관계없이 D에서부터 대략 $5km$ 떨어진 곳에 세워져야 한다. 그러나 우리가 얻은 답은 $x<a$인 경우에만 의미를 갖는다. 방정식을 만들면서 식 $a-x$를 양수로 계산하였기 때문이다.

만일 $x=a\fallingdotseq5.16$이면, 간이역을 세울 필요가 없다. 기존의 역에서 곧장 마을까지 도로로 연결하면 된다. 또 a의 거리가 5.16보다 작은 경우도 생각해 보아야 한다.

이 경우는 우리가 방정식보다 더 예지력이 있어 보인다. 만일 우리가 어리석게 방정식을 의심 없이 믿어버리면, 간이역을 우리의 진행방향과 반대방

향에 (즉, 역 전에) 세우는 무모한 일이 벌어질 것이다. 이 경우 $x>a$ 이므로 철도로 가는데 필요한 시간은

$$\frac{a-x}{0.8}$$

음수가 된다. 수학적인 도구 여기서는 방정식을 의미함–옮긴이를 사용할 때는 주의력을 가지고 풀이된 답을 살펴야 한다. 만일 우리의 도구를 적용할 때 기본 전제에 반(反)한다면 답이 현실적인 의미를 상실할 수도 있다는 것을 기억하고 판단해야 한다.

3. 도로를 어떻게 연결해야 할까

강변에 위치한 도시 A에서 B지점까지 짐을 옮겨야 한다. 이때 B는 강변도시 A로부터 강을 따라 직선방향으로 a킬로미터 떨어지고, 강으로부터는 d킬로미터 떨어

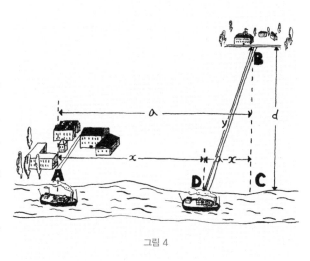

그림 4

진 곳에 위치하고 있다(그림 4). 1톤의 짐을 $1km$ 옮기는데 드는 운송비는 도로를 이용할 때보다 강을 이용하는 것이 2배 싸다. 보다 싼 운임으로 짐을 A에서 B로 옮기려면, B에서 강까지 도로를 어떻게 연결해야 할까?

풀이

$\overline{AD}$ 길이를 x, 도로 $\overline{DB}$의 길이를 y로 하자.

문제의 조건에 의하면 $\overline{AC}$의 길이는 a이고, $\overline{BC}$의 길이는 d이다.

도로로 운송하는 것이 강으로 운송하는 것보다 2배 비싸므로, 총 운송비는 $x+2y$가 되고, 그 값은 문제의 조건에 따라 최소값이 되어야 한다. 이 최소값을 m으로 놓고 방정식을 만들면

$x+2y=m$

A부터 D까지의 거리 $x=a-\overline{DC}$ 인데, $\overline{DC}=\sqrt{y^2-d^2}$ 따라서, 위의 방정식은 다음 형태가 된다.

$a-\sqrt{y^2-d^2}+2y=m,$

루트를 없애기 위해 좌변에 있는 a와 $2y$를 우변으로 이항하여 양변을 제곱하면,

$3y^2-4(m-a)y+(m-a)^2+d^2=0$

근의 공식을 이용하여 y의 값을 구하면

$y=\dfrac{2}{3}(m-a)\pm\dfrac{\sqrt{(m-a)^2-3d^2}}{3}$

y값은 실수이기 때문에 $(m-a)^2$은 $3d^2$보다 작아서는 안 된다.

즉 $(m-a)^2 \geq 3d^2$ 따라서 $(m-a)^2=3d^2$일 때 y는 최소값을 갖는다.

$(m-a)=d\sqrt{3}$, $y=\dfrac{2(m-a)+0}{3}=\dfrac{2d\sqrt{3}}{3}$

$sinD=d\div y$, 즉

$sin\angle BDC(sinD)=\dfrac{d}{y}=d\div\dfrac{2d\sqrt{3}}{3}=\dfrac{\sqrt{3}}{2}$

$sinD$의 값이 $\dfrac{\sqrt{3}}{2}$ 이 나왔으므로 $\angle BDC=60°$ 이다. 이 말은 $\overline{AC}$길이에 개의치 않고 $\angle BDC=60°$ 가 되는 지점에서 B와 강을 연결하는 도로를 놓아야 한다는 것이다.

여기서 다시 이전 문제에서 부딪혔던 특별한 상황에 관해 살펴보자. 방정식

을 풀어서 나온 해는 문제에서 주어진 모든 조건을 만족시킬 경우에만 우리가 원하는 답이 된다. 따라서 만일 도로가 강변과 이루는 각이 60°이면서 도시 A를 지난다고 하면, 이 풀이는 의미를 잃는다. 그런 경우에는 B지점과 A도시를 도로로 직접 연결시키므로 강을 이용할 필요가 없게 된다.

4. 곱은 언제 최대가 될까

최대값, 최소값에 관한 문제를 효율적으로 풀기 위해서는 지금 소개할 대수학 정리를 이용하는 것이 좋다. 다음 문제를 살펴보자.

I. 임의의 수를 어떻게 두 부분으로 나누어야, 그 나누어진 두 부분의 곱의 값이 최대가 되는가?

II. 임의의 수를 어떻게 세 부분으로 나누어야 그 세 부분의 곱이 최대가 되는가?

풀 이

I.
두 부분으로 나누고자 하는 임의의 수를 a라고 하자. 그러면 두 부분으로 나누어진 a를 다음과 같이 나타낼 수 있다.

$\frac{a}{2} + x$ 그리고 $\frac{a}{2} - x$

여기서 x는 a가 둘로 나누어졌을 때 나눠진 두 부분의 크기의 차이이다. 따

라서 두 부분의 곱은

$$(\frac{a}{2}+x)(\frac{a}{2}-x)=\frac{a^2}{4}-x^2$$

x값이 작아질수록 그 곱은 커짐을 알 수 있다. $x=0$일 때, 즉 임의의 수를 정확히 반으로 나누었을 때 그 곱은 최대가 된다.

합이 변하지 않는 두 수의 곱이 최대가 될 때는 두 수가 똑같을 때이다.

II.

앞의 문제 풀이 방법에 의거하여 이 문제를 해결해 보자.

임의의 수 a를 세 부분으로 나눠보자. 우선 나눠진 세 부분 중 어느 한 부분도 $\frac{a}{3}$는 아니라고 가정하자. 그러면 세 부분 중에는 $\frac{a}{3}$보다 큰 부분이 존재한다. 세 부분 모두가 $\frac{a}{3}$보다 작을 수는 없기 때문이다. 그 중 큰 부분의 수는

$$\frac{a}{3}+x \cdots\cdots ①$$

$\frac{a}{3}$보다 작은 부분의 수를

$$\frac{a}{3}-y \cdots\cdots ② \text{ 라고 하자}$$

단, x와 y는 양수이다. 따라서 위의 두 분할된 그룹들과의 합이 a가 되는 마지막 세 번째 부분의 수는

$$\frac{a}{3}+y-x \cdots\cdots ③ \text{ 이다.}$$

$\frac{a}{3}$와 $\frac{a}{3}+x-y$의 합은 ①+②의 합과 같지만, 그 차 $y-x$는 ①-② 즉, $x+y$보다 작다. 이전 문제풀이를 통해 우리가 알고 있는 것처럼 나눠진 두 부분의 차가 작을수록 그 곱은 커지므로 곱

$$\frac{a}{3}(\frac{a}{3}+x-y)$$

은 ①×②보다 크다.

따라서 a를 분리한 세 부분 ①, ②, ③중 ①과 ②를

$\dfrac{a}{3}$ 와 $\dfrac{a}{3}+x-y$ 로 바꾸고

③을 곱하게 되면 세 부분의 곱은 증가하게 된다.

이제는 나눠진 세 부분 중 하나가 $\dfrac{a}{3}$ 가 되었다. 그러면 다른 두 부분을 다음과 같이 표현할 수 있다.

$\dfrac{a}{3}+z$ 와 $\dfrac{a}{3}-z$

앞에서 사용한 동일한 방법으로 우리가 위의 두 부분을 $\dfrac{a}{3}$ 와 같다고 하면 (이렇게 한다고 세 부분의 합이 변하지는 않는다), 곱은 다시 증가되고 $\dfrac{a}{3}$ $\times \dfrac{a}{3} \times \dfrac{a}{3} = \dfrac{a^3}{27}$ 이 된다.

이렇듯 임의의 수 a 가 서로 다른 크기의 세 부분으로 분할될 때, 그들의 곱은 $\dfrac{a^3}{27}$, 즉 합쳐서 a 가 되는 세 개의 같은 수의 곱보다 작아진다. 즉, 임의의 수 a 를 정확히 3등분해야 그 세 부분의 곱이 최대가 된다.

위의 풀이방법을 적용하면 임의의 수를 네 부분, 다섯 부분으로 나눌 때 그 나누어진 부분들의 곱에 대한 정리도 증명할 수 있다.

이제는 보다 일반적인 경우를 살펴보자.

$x+y=a$ 일 때, $x^p y^q$ 가 최대가 되려면 x, y 값은 얼마가 되어야 하는가?

x 가 어떤 값을 가질 때 식 $x^p(a-x)^q$ 가 최대가 되는지를 구해야 한다.

이 식에 $\dfrac{1}{p^p q^q}$ 를 곱한다. 그러면 새로운 식이 얻어진다.

$\dfrac{x^p(a-x)^q}{p^p q^q}$

$x^p(a-x)^q$ 가 가장 클 때, 이 식도 가장 큰 값을 가진다는 것을 알 수 있다

위의 식을 전개하면

$$\underbrace{\dfrac{x}{p} \times \dfrac{x}{p} \times \dfrac{x}{p} \times \dfrac{x}{p} \times \cdots\cdots}_{p번} \times \underbrace{\dfrac{a-x}{q} \times \dfrac{a-x}{q} \times \dfrac{a-x}{q} \times \cdots\cdots}_{q번}$$

이 식에서 모든 승수의 합은

$$\underbrace{\frac{x}{p}+\frac{x}{p}+\frac{x}{p}+\frac{x}{p}+\cdots}_{p번}\underbrace{\frac{a-x}{q}+\frac{a-x}{q}+\frac{a-x}{q}+\cdots}_{q번}=$$

$$=\frac{px}{p}+\frac{q(a-x)}{q}=x+a-x=a,$$

즉 크기는 일정하다.

앞에서 증명한 것을 바탕으로 (앞의 두 문제 참조), 곱

$$\frac{x}{p}\times\frac{x}{p}\times\frac{x}{p}\times\frac{x}{p}\times\cdots\times\frac{a-x}{q}\times\frac{a-x}{q}\times\frac{a-x}{q}\times\cdots$$

은 각각의 승수가 동일할 때, 즉

$$\frac{x}{p}=\frac{a-x}{q}$$

일 때 최대가 된다.

$a-x=y$ 이므로, $a-x$에 y를 대입하면 등식을 얻는다.

$$\frac{x}{p}=\frac{y}{q}$$

이렇듯 $x^p y^q$은 $x+y$가 일정한 합을 가지고

$$x:y=p:q$$

일 때 최대값을 갖는다

이런 방식으로 다음 곱도 증명할 수 있다

$$x^p y^q z^r,\ x^p y^q z^r t^u\ \cdots$$

$x+y+z$, $x+y+z+t$ 등의 합이 일정하고

$$x:y:z=p:q:r,\ x:y:z:t=p:q:r:u\ \cdots$$

일 때 최대값에 이르게 된다.

5. 합이 최소값을 갖는 경우

유용한 대수학정리를 증명하는데 자신의 능력을 시험해 보고 싶은 독자는 다음 상황을 증명해 보길 바란다.

I. 곱했을 때 일정한 수를 갖는 두 수의 합은 두 수가 똑같을 경우 최소가 된다.

예를 들면 곱이 36이 되는 경우는 $4+9=13$, $3+12=15$, $2+18=20$, $1+36=37$ 그리고 $6+6=12$이다.

II. 곱했을 때 일정한 수를 갖는 몇 개의 수들의 합은 이 수들이 똑같을 때 최소가 된다.

예를 들면, 곱이 216 인 경우는 $3+12+6=21$, $2+18+6=26$, $9+6+4=19$ 그리고 $6+6+6=18$이다.

실생활에서 이 정리들이 어떻게 적용되는지 다음의 예를 통해 살펴보기 바란다.

6. 가장 부피가 큰 직육면체 만들기

원통형의 통나무로 가장 부피가 큰 직육면체를 만들려고 한다. 이 직육면체의 밑면의 변은 어떤 비율이어야 할까(그림 5)?

풀이

직육면체의 밑면은 직사각형이다. 이 직사각형의 두 변을 x, y로 하면, 피

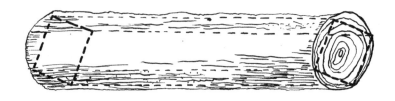

타고라스 정리에 따라

$$x^2+y^2=d^2,$$

여기서 d는 통나무의 지름이자 위 직사각형의 대각선의 길이이다. 직육면체의 길이는 일정하므로 그 크기가 최대가 되려면 그 밑면의 면적이 최대값을 가져야 한다. 즉 xy가 최대값을 가져야 한다. xy가 최대이면, x^2y^2도 최대가 된다. 앞의 증명에 의하면 x^2+y^2의 합은 변하지 않으므로 x^2y^2은 $x^2=y^2$ 또는 $x=y$일 때 최대가 된다.

따라서 이 직육면체의 밑면은 정사각형이어야 한다.

7. 두 지역

I. 직사각형의 땅이 있다. 이 땅에 울타리를 만들었을 때, 그 울타리의 길이가 최소가 되려면 땅은 어떤 형태의 직사각형이 되어야 하는가?

II. 땅의 둘레, 즉 그 땅을 둘러싼 울타리 길이가 일정할 때 땅의 면적이 최대가 되려면 직사각형의 땅은 어떤 모습이어야 하나?

풀 이

I.

직각사각형의 형태는 두 변 x와 y에 의해 결정된다. x와 y를 두 변으로 하는 직사각형 모양의 땅의 면적은 xy이고, 울타리의 길이는 $2x+2y$이다. $x+y$가 최소값을 가지면, 울타리의 길이는 최소가 될 것이다.

xy가 일정한 값을 가질 때, $x+y$는 $x=y$일 때 최소가 된다. 따라서 우리가 원하는 땅의 형태는 정사각형이 된다.

II.

x, y가 직사각형의 두 변이면, 땅을 에워싼 울타리의 길이는 $2x+2y$, 땅의 면적은 xy이다. 땅의 면적은 $4xy$, 즉 $2x \times 2y$일 때 최대가 된다. 즉 $2x+2y$ 합이 일정할 때, $2x \times 2y$는 $2x=2y$일 때 최대값을 갖는다. 따라서, 땅의 형태가 정사각형일 때 면적은 최대가 된다.

우리가 잘 알고 있는 정사각형의 기하학적 특성에 다음을 첨가할 수 있다.

같은 면적을 가지는 모든 직사각형 중 정사각형 둘레의 길이가 가장 짧고, 둘레의 길이가 일정한 모든 직사각형 중 정사각형의 면적이 가장 크다.

8. 연

둘레의 길이가 일정한 부채꼴 모양의 연이 최대의 면적을 가질 수 있게 모양을 만들려고 한다. 어떤 형태의 부채꼴을 만들어야 하는가?

문제의 요점은 일정한 둘레 내에서 부채꼴의 호의 길이와 반지름이 얼마일 때 부채꼴 면적이 최대가 되는가 하는 것이다.

그림 6에서 보여지는 것처럼 부채꼴의 반지름을 x, 호의 길이는 y, 부채꼴의 둘레는 l, 면적은 S 라고 하면

$l=2x+y$,

$S=\dfrac{xy}{2}=\dfrac{x(l-2x)}{2}$

면적 S는 면적의 4배를 나타내는 두 수의 곱 $2x(l-2x)$이 최대값을 가지면 당연히 최대값을 갖는다. 그림 6에서 보듯이 $2x+(l-2x)=l$ 이므로 승수의 합이 일정하기 때문에, 그 곱은 $2x=l-2x$ 일 때 최대가 된다. 따라서

$x=\dfrac{l}{4}$,

그러므로 $y=l-2\times\dfrac{l}{4}=\dfrac{l}{2}$ 이다.

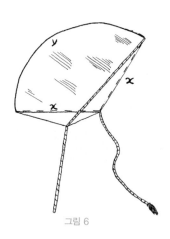

그림 6

이렇듯, 일정한 둘레를 가지는 부채꼴 모양은 호의 길이가 그 반지름의 두 배가 될 때 최대 면적을 가진다(그림에서 부채꼴 전체둘레에서 점선부분의 길이와 곡선 부분의 길이가 같을 때). 이때 부채꼴의 중심각은 약 115° 가 된다(즉 약 2 rad. 1 rad.은 대략 57°). 이 거대한 크기의 연이 잘 날 수 있나 하는 문제는 여기서 다루지 않겠다.

9. 집 짓기

집이 무너져 한쪽 벽만 남아 있는 곳에 새로 집을 지으려고 한다. 남아있는 벽의 길이(가로)는 12m이다. 이 벽을 이용해서 면적이 112m^2인 집을 지으려고 한다.

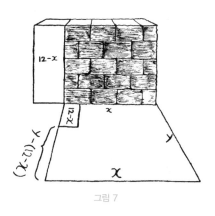

그림 7

벽을 수리하는데 1m당 드는 비용은 새 담을 세우는 비용의 25%가 든다. 그리고 벽을 허물고, 그 재료로 다시 담을 쌓는 데 드는 비용은 새 재료를 이용하여 벽을 쌓을 때의 50%이다.

이런 조건에서 남아 있는 벽을 어떻게 이용하는 것이 가장 큰 이익이 될까?

풀 이

이전의 벽에서 x 미터는 남아 있고, 12$-x$는 재료를 재활용하기 위해 부수었다(그림 7). 새 재료로 벽을 만드는 경우 벽 1m당 가격이 a라고 하면, 옛 벽을 x미터 수리하는데 드는 비용은 $\dfrac{ax}{4}$ 이다. 길이 12$-x$에 새로이 벽을 쌓는 데 드는 비용은 $\dfrac{a(12-x)}{2}$ 이고, 이 벽의 다른 부분을 쌓는 데 드는 비용은 $a[y-(12-x)]$, 즉 $a(y+x-12)$이다. 세 번째 벽에 드는 비용은 ax이고, 네 번째 벽에 드는 비용은 ay이다. 따라서 전체 작업비용은

$$\frac{ax}{4} + \frac{a(12-x)}{2} + a(y+x-12) + ax + ay =$$
$$= \frac{a(7x+8y)}{4} - 6a$$

맨 끝의 식은 $7x+8y$의 합이 최소값을 가지는 경우 최소의 비용이 나온다.

우리는 집의 면적이 $xy=112$ 임을 알고 있다. 따라서

$7x \times 8y = 56 \times 112$

곱이 일정할 때 합 $7x+8y$는 다음과 같은 경우 최소값을 가진다.

$7x=8y,$

그러므로

$$y = \frac{7}{8}x$$

위 방정식에 $xy=112$을 연립하면

$$\frac{7}{8}x^2 = 112, \quad x = \sqrt{128} \fallingdotseq 11.3$$

옛 벽의 길이가 $12m$이므로, 부수어지는 벽은 $0.7m$가 된다.

10. 별장의 땅

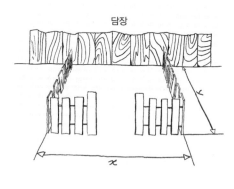

담장

그림 8

별장을 만드는 데 울타리를 세워야 한다. 둘레 l 미터의 울타리를 만드는 데 필요한 재료가 있으며, 이외에도 이미 만들어 놓은 담장을 울타리의 한쪽 면으로 이용할 수 있다. 이런 경우에 직사각형의 땅을 이용하여 최대의 별장을 지으려면 어떻게

해야 할까?

땅의 가로(담장 길이)를 x로 하고, 세로(담장에 수직방향인 울타리 길이)는 y로 한다(그림 8). 이런 경우 이 땅에 울타리를 치려면 길이가 $x+2y$인 울타리가 필요하다. 즉

$x+2y=l$

땅의 면적은

$S=xy=y(l-2y)$

합이 일정할 때 두 수의 곱으로 나타나는 다음 값이(면적의 두 배) 최대가 될 때 면적도 최대값을 갖는다.

$2y(l-2y)$

그러므로 면적이 최대가 되려면 $2y=l-2y$ 이어야 하고, 이로부터

$y=\dfrac{1}{4}$, $x=l-2y=\dfrac{l}{2}$ 이 나온다.

다시 말해 $x=2y$, 즉 땅의 가로 길이는 세로 길이의 2배가 되어야 한다.

11. 단면의 면적이 최대가 되는 물받이 홈통

직사각형의 금속판 (그림 9)을 등변 사다리꼴 모양으로 꺾어야 한다. 사다리꼴 모양은 그림 10에서 보는 것과 같이 다양한 형태로 만들 수 있다. 금속판이 옆면의 길이와 각도를 얼마로 해서 꺾어야 물받이 홈통의 단면적이 최대값을 가질까(그림 11)?

금속판의 전체 폭의 길이를 l이라고 하고, 꺾여져서 측면이 되는 폭의 길이를 x, 물받이 홈통의 바닥이 되는 폭의 길이를 y로 하자. 그림 12에서 나타나는 또 하나의 미지수를 z라고 하자.

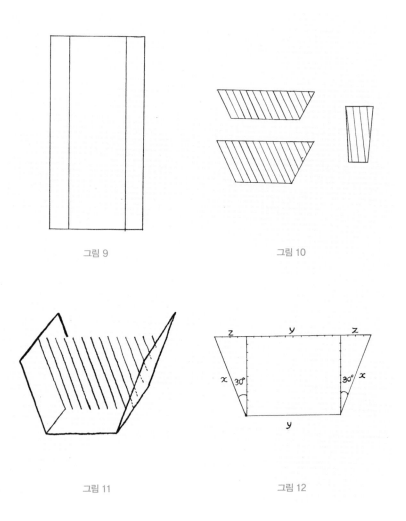

그림 9 그림 10

그림 11 그림 12

홈통의 단면이 되는 사다리꼴의 면적은

$$S = \frac{(z+y+z)+y}{2}\sqrt{x^2-z^2} = \sqrt{(y+x)^2(x^2-z^2)}$$

문제는 S가 최대값을 가질 때 x, y, z의 값을 결정하는 것이다. 이 때 $2x+y$(즉 판의 폭)는 l이라는 일정한 값을 갖는다.

S를 제곱하면

$$S^2 = (y+z)^2(x+z)(x-z)$$

S^2의 값은 x, y, z의 값이 같을 때 아래의 식 $3S^2$의 값도 최대값을 갖는다.

$$(y+z)(y+z)(x+z)(3x-3z)$$

위 네 수의 합은

$$y+z+y+z+x+z+3x-3z = 2y+4x = 2l로 변하지 않는다.$$

그러므로 네 수의 곱이 최대가 되려면 네 수가 동일할 경우,

$y+z=x+z$ 그리고 $x+z=3x-3z$이어야 한다. 첫 번째 방정식에서 $y=x$, $y+2x=l$ 이므로, $x=y=\dfrac{l}{3}$ 이다.

두 번째 방정식에서 우리는 $z=\dfrac{x}{2}=\dfrac{l}{2}$ 을 구할 수 있다.

z는 빗변 x(그림 12)의 반이므로, z의 대각은 $30°$, 그러므로 홈통의 바닥에 이르는 홈통 옆면의 각은 $90°+30°=120°$ 가 된다.

이렇듯 홈통이 정육각형의 세 변의 모양이 될 때 홈통은 최대 단면적을 가진다.

12. 깔때기의 최대용적

원형의 양철 판을 가지고 원추형의 깔때기를 만들어야 한다. 깔때기를 만들려면 일정부분을 자르고, 원의 나머지 부분을 오므려 원뿔을 만들어

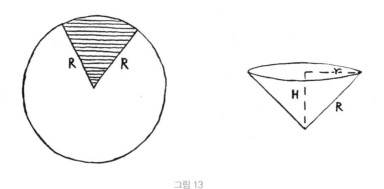

그림 13

야 한다(그림 13). 원뿔이 최대 용적을 가지려면 자르는 부분의 호의 중심
각을 얼마로 해야 할까?

풀 이

원형 판에서 갈라진 부분을 제외한 호의 길이를 x라고 하자. 그렇게 하면
만들어진 원뿔의 빗변의 길이는 양철 판의 반지름인 R이 되고, 바닥 원의
둘레는 호의 길이인 x가 된다. 원뿔 바닥의 반지름을 r이라고 하면 다음
방정식이 나온다.

$2\pi r = x$, 그러므로 $r = \dfrac{x}{2\pi}$

원뿔의 높이H(피타고라스 정리에 따라)는

$$H = \sqrt{R^2 - r^2} = \sqrt{R^2 - \frac{x^2}{4\pi^2}}$$

그림 13에 있는 이 원뿔의 부피는 다음 값을 갖는다.

$$V = \frac{\pi}{3} r^2 H = \frac{\pi}{3} \left(\frac{x}{2\pi}\right)^2 \sqrt{R^2 - \frac{x^2}{4\pi^2}}$$

이 식은 다음 식이 최대값을 가질 때 최대값을 갖는다.

$$\left(\frac{x}{2\pi}\right)^2 \sqrt{R^2 - \left(\frac{x}{2\pi}\right)^2}$$

위 식을 제곱하면

$$(\frac{x}{2\pi})^4 [R^2-(\frac{x}{2\pi})^2]$$

그러므로 다음과 같은 식을 만들 수 있다.

$$(\frac{x}{2\pi})^2 + R^2 - (\frac{x}{2\pi})^2 = R^2$$

이때 값은 항상 일정하게 R^2 이다. (〈곱은 언제 최대가 될까〉에서 증명한 것을 바탕으로) 마지막 식은 x값이 다음을 만족할 때 최대값을 갖게 된다.

$$(\frac{x}{2\pi})^2 : [R^2-(\frac{x}{2\pi})^2]=2:1$$

따라서

$$(\frac{x}{2\pi})^2 = 2R^2 - 2(\frac{x}{2\pi})^2 ,$$
$$3(\frac{x}{2\pi})^2 = 2R^2 \text{ 그러므로 } x=\frac{2\pi}{3}R\sqrt{6} \fallingdotseq 5.15R$$

원뿔의 중심각은 대략 $295°$ 이고, 따라서 잘려진 부채꼴의 중심각은 대략 $65°$ 가 된다.

13. 가장 선명한 빛

책상 위에 놓인 동전을 가장 선명히 비추려면 촛불은 책상 위의 어떤 높이에 위치해야 하는가?

풀 이

동전을 가장 잘 밝히기 위해서는 불꽃이 최고로 낮게 위

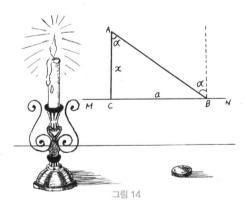

그림 14

치하면 되지 않을까 생각할 수 있다. 하지만 이 생각은 옳지 않다. 불꽃이 낮은 곳에 위치하면 빛이 너무 완만히 경사져서 비추어진다. 또 초를 너무 들어 올리면 빛이 가파르게 비추어져서 빛을 아예 없애버리는 효과가 나온다. 보다 효율적으로 빛을 비추려면 중간쯤 되는 높이에서 비추어야 한다는 결론이 나온다. 그 높이를 x라고 하자(그림 14). 불꽃 A를 지나 바닥으로 수선을 내렸을 때 만나는 점 C에서 동전 B까지의 거리 $\overline{BC}$를 a라 한다. 불꽃의 선명도를 i라고 하면, 동전에 비치는 빛은 광학법칙에 준하여 다음과 같이 나타난다.

$$\frac{i}{AB^2}cos\alpha = \frac{icos\alpha}{(\sqrt{a^2+x^2})^2} = \frac{icos\alpha}{a^2+x^2}$$

여기서 α는 빛 $\overline{AB}$가 떨어지는 각도를 말한다.

$$cos\alpha = cosA = \frac{x}{AB} = \frac{x}{\sqrt{a^2+x^2}}$$

이므로 비춰지는 빛은 다음과 같다.

$$\frac{i}{a^2+x^2} \times \frac{x}{\sqrt{a^2+x^2}} = \frac{ix}{(a^2+x^2)^{\frac{3}{2}}}$$

이 식은 x와 x의 제곱값이 최대일대 최대가 된다, 즉

$$\frac{i^2x^2}{(a^2+x^2)^3}$$

i^2은 일정한 크기(빛의 선명도)이므로 제외하고, 식에서 나머지 부분(항)은 다음과 같이 바꿔보자.

$$\frac{x^2}{(a^2+x^2)^3} = \frac{1}{(x^2+a^2)^2}(1-\frac{a^2}{x^2+a^2}) =$$
$$(\frac{1}{x^2+a^2})^2(1-\frac{a^2}{x^2+a^2})$$

바뀌어진 다음 식이 최대값을 가지면 된다.

$$(\frac{a^2}{x^2+a^2})^2(1-\frac{a^2}{x^2+a^2})$$

이때 a^4은 항상 일정한 값을 가지므로 x값에 영향을 끼치지 않고, 이때 곱은 최대값이 된다. 이 승수들이 제곱되지 않았을 때 합이

$$\frac{a^2}{x^2+a^2} + (1-\frac{a^2}{x^2+a^2}) = 1$$

이 일정한 크기임을 상기하고, 살펴본 곱은 다음의 경우에 최대값을 갖

는다.

$$\frac{a^2}{x^2+a^2} : (1-\frac{a^2}{x^2+a^2})=2:1$$

(〈곱은 언제 최대가 될까〉 참조).

그러므로 다음 방정식을 만들 수 있다.

$$a^2=2x^2+2a^2-2a^2$$

방정식을 풀면

$$x=\frac{a}{\sqrt{2}} \fallingdotseq 0.71a$$

그러므로 촛불의 높이는 초가 놓인 지점에서 동전까지의 거리의 0.71배가

되는 곳에 위치하게 되면 가장 선명하게 비출 수 있다. 이런 상관관계는 작

업장소를 빛이 가장 잘 비추는 곳에 설치할 때에 이용하면 유용할 것이다.

계산의 상대성

실제 계산을 하다 보면 셈을 쉽게 해주는 대수학적 방법을 사용하지 않고 순수하게 산술적 방법을 사용하는 경우가 있는데, 이 경우 계산은 굉장히 어려워진다. 예를 들어 다음을 계산해야 한다고 하자.

$$\frac{2}{1+\dfrac{1}{90,000,000,000}}$$

이 계산은 전자기파 확산 속도에 비하여 작은 이동속도를 가지는 물체에 대한 공학법칙이 상대성 이론에 따른 변화는 고려하지 않고, 예전의 속도 합산법칙만을 사용하는 것이 정당한가를 논하기 위하여 반드시 필요하다.

속도 합산법칙이라고 하는 것은 고전적인 기계역학에 의하면, 동일한 방향으로 1초당 v_1, v_2의 속도로 움직이는 두 가지 움직임에 참여하는 물체는 1초당 $(v_1 + v_2)$킬로미터 속도를 가진다는 것이다. 예를 들어, 100km 속도로 달리는 기차 안에서 한 사람이 10km로 달리고 있다면, 밖에서 볼 때 사람이 달리는 속도는 110km가 된다. —옮긴이 물체의 속도에 관한 새로운 학설은 다음 식을 내놓았다.

$$\frac{v_1 + v_2}{1+\dfrac{v_1 \times v_2}{c^2}} \; m/s$$

여기서 c는 허공에서의 빛의 속도, 즉 약 $300,000km/sec$ 이다. 다시 말해, 각각 $1km/s$ 속도를 가지고 같은 방향으로 움직이는 두 가지 움직임에 참여하는 물체의 속도는 고전역학에 따르면 $2km/sec$ 가 되지만, 현대역학에 따르면, 바로

$$\cfrac{2}{1+\cfrac{1}{90,000,000,000}} \quad km/s$$

이 된다.

두 결과의 차이는 얼마나 될까?

정밀한 측정기로 이 차이가 포착될까?

이 중요한 문제를 명확히 하기 위해서는 위에 언급된 계산을 실행해야 한다.

두 가지 방법으로 계산을 해보자.

처음에는 일반적인 산술방법으로, 그 다음에는 대수학적 방법으로 결과를 구해보자.

나열된 긴 숫자 열을 얼핏 보기만 해도, 대수학적 방법이 효율적임은 의심할 여지가 없다.

먼저, '여러 층의' 분수를 다음과 같이 바꾸어주자.

$$\cfrac{2}{1+\cfrac{1}{90,000,000,000}} = \cfrac{180,000,000,000}{90,000,000,001}$$

이젠 분자를 분모로 나누자.

```
                                    1.99999999997……
 90,000,000,001│180,000,000,000
               │ 90,000,000,001
                89,999,999,999.0
                81,000,000,000.9
                 8,999,999,998.10
                 8,100,000,000.90
                   899,999,998.010
                   810,000,000.009
                    89,999,998.0010
                    81,000,000.0009
                     8,999,998.00010
                     8,100,000.00009
                       899,998.000010
                       810,000.000009
                        89,998.0000010
                        81,000.0000009
                         8,998.00000010
                         8,100.00000009
                           898.000000010
                           810.000000009
                            88.0000000010
                            81.0000000009
                             7.00000000010
                             6.30000000007
                             0.70000000003
                            ……………………
```

보다시피 이것은 아주 세밀하게 신경을 써야 하는 피곤한 계산이다. 계산 도중 헷갈리거나 실수하기가 쉽다. 어쨌든 문제를 풀이하는 데 중요한 것은 바로 어느 자리에서 숫자 9의 긴 줄이 끊어지고, 다른 수의 열이 시작되는가를 정확히 아는 것이다.

이번엔 대수학적 방법을 이용하여 똑같은 계산을 해보자. 이 방법이 얼마나 쉽고 간단하게 문제를 해결하는지 비교해 보라. 대수학은 다음의 근사등식을 이용한다. 만일 a가 굉장히 작은 분수라면

$$\frac{1}{1+a} \fallingdotseq 1-a,$$

여기서 기호 ≒ 는 '근사등식'을 뜻한다.

이 논증의 정당성을 확인하는 것은 매우 간단하다.

$$1 = (1+a)(1-a)$$

즉

$$1 = 1-a^2$$

a는 굉장히 작은 분수 (예를 들어, 0.001)이므로, a^2은 더 작은 분수 (0.000 001)가 되고, 따라서 그 수는 무시할 수 있다.

이 계산을 할 때 위에서 언급한 사항들을 적용시키자. 계속해서 우리는 근사등식을 이용한다. $\frac{A}{1+a} \fallingdotseq A(1-a)$

$$\frac{2}{1+\dfrac{1}{90,000,000,000}} = 1 + \frac{2}{\dfrac{1}{9 \cdot 10^{10}}}$$

$$\fallingdotseq 2(1-0.111\cdots \times 10^{-10})$$

$$=2-0.0000000000222\cdots = 1.9999999999777\cdots$$

우리는 훨씬 짧은 방식으로 보다 빨리 같은 결과에 도달했다.

(아마도 독자들은 얻어진 결과가 우리에게 제시된 역학문제에서 어떤 의미를 갖는지 궁금해할 것이다. 우리가 예를 든 속도는 광속에 비해 너무나도 작기 때문에 속도합산의 고전 법칙에 어긋나지 않는 것처럼 보여진다. $1km/s$와 같은 거대한 속도에서도 11개의 한정수로 쓰여지고($\frac{1}{90,000,000,000}$), 일반적인 공학기술에서는 4~6개수로 한정된다. 이렇듯, 우리는 아인슈타인의 새로운 역학이론이 '느리게' (빛의 확산

속도와 비교하여) 움직이는 물체에 대한 기술적인 계산을 수행할 때는 실제로 어떤 영향도 주지 못한다는 것을 확인할 수 있었다. 하지만 이 절대적인 결론을 조심스럽게 적용해야 하는 곳이 한 분야 있다. 바로 우주항공분야이다. 오늘날 이미 우리는 $10km/sec$ 대의 속도를 달성하였다 (인공위성과 로켓의 속도). 이 분야에서 고전 역학과 아인슈타인 역학의 불일치는 최고조를 이룬다. 그리고 앞으로는 훨씬 더 빨리 더 큰 속도에 도달할 것이므로 이 불일치는 한층 가속화될 것이다.)

대수학이 사용되지 않아 더 간단한 경우

대수학이 산술에 큰 도움을 주는 경우도 있지만, 대수학의 개입이 오히려 필요하지 않은 경우도 있다. 수학의 진정한 의미는 과제의 풀이 방법이(산술적 방법, 대수학적 방법, 또는 기하학적 방법 등) 중요한 것이 아니라, 문제 해결을 위한 가장 직접적이고 확실한 방법을 선택하기 위하여 수학적 도구들을 사용하는데 있다. 그래서 이번엔 지금까지와는 달리 대수학적 방법이 문제 풀이를 하는데 방해만 되는 그런 경우를 살펴보고자 한다. 다음 예는 좋은 보기가 될 것이다.

어떤 수를 나누었을 때 아래의 조건을 모두 만족하는 수 중 가장 작은 수를 구해 보자.

2로 나누면 나머지가 1

3으로 나누면 나머지가 2

4로 나누면 나머지가 3

5로 나누면 나머지가 4

6으로 나누면 나머지가 5

7로 나누면 나머지가 6

8로 나누면 나머지가 7

9로 나누면 나머지가 8

위의 문제에는 다음과 같은 말이 숨겨져 있다.

'어떻게 이 문제를 해결할거야? 여기에는 등식이 너무 많은데, 헷갈릴 거야.'

하지만 문제 풀이는 절대 어렵지 않다. 어떤 등식도 어떤 대수학도 필요 없다. 간단한 연산논리로 해결할 수 있다.

미지수에 1을 더한 뒤 이 수를 2로 나누면 나머지가 얼마일까?

나머지 1+1=2, 즉 수가 2로 나누어 떨어진다.

이와 마찬가지로 구하고자 하는 수를 미지수에 1을 더한 수로 하면 이 수는 그뿐만 아니라 3, 4, 5, 6, 7, 8, 9로 나누어 떨어진다. 이런 수들 중에서 가장 작은 수는 이들 수의 최소공배수인 $9 \times 8 \times 7 \times 5 = 2,520$이다. 따라서 미지수는 2,519이다. 계산이 맞는지를 확인하는 것은 어렵지 않다.

07

수열과 일곱 번째 연산법

❖

앞서 5장에서 이미 언급한 바와 같이 수학의 다섯 번째 연산법인 거듭제곱은 두 개의 역산법을 갖고 있습니다. 즉 $a^b=c$ 일 때, 밑인 a를 구하는 것이 한 가지이고, 지수인 b를 구하는 것이 또 다른 하나입니다. 후자가 바로 일곱 번째 연산법인 로그(logarithm) 입니다.

이 책의 독자들은 학교 교과 과정 안에서 로그에 관하여 배웠을 것이라고 전제하겠습니다. 따라서 $a^{\log ab}=b$ 를 이해하는데 별 다른 어려움은 없으리라 봅니다

왜 로그라는 것을 만들었을까요? 물론 계산을 신속하고 간단히 하기 위하이었습니다. 처음으로 로그를 창안하고 로그표를 만든 영국의 J.네이퍼어는 다음과 같이 말했습니다.

"나는 계산의 지루함과 어려움에서 벗어나려고 노력했다. 일반적으로 이 지루함은 수학을 배우고자 하는 사람들을 망설이게 한다."

실제로, 로그는 계산을 쉽고 신속하게 할 수 있도록 도와줍니다. 이 로그의 편리성에 대해서는 수열을 가지고 고민을 해본 사람들이라면 누구나 알 수 있을 것입니다.

이 장에서는 어려운 수열 문제들을 풀어보고 또 로그가 얼마나 편리한 것인지를 로그의 역사와 몇 가지 문제를 통해서 알아보도록 하겠습니다.

1. 고대의 수열

수열에 관한 가장 오래된 문제들 중 하나는 이집트의 파피루스에 적혀 있는 '빵의 분배에 관한 문제'이다. 19세기 말에 골동품 수집가인 린드에 의해 발견된 이 파피루스린드 파피루스—옮긴이는 기원전 2000년쯤에 작성된 것으로 그 보다 더 오래된 기원전 3000년경의 것으로 추정되는 수학논문의 필사본이었다. 그곳에 실려 있는 문제 중 하나를 살펴 보자.

100개의 빵을 다음과 같이 다섯 사람에게 나누어 주려고 한다.

두 번째 사람은 세 번째 사람이 그 사람보다 많이 받은 만큼 첫 번째 사람보다 많이 받고, 네 번째 사람은 세 번째 사람보다 그만큼 많이, 다섯 번째 사람은 네 번째 사람보다 그만큼 많이 받는다. 그리고 처음 두 사람이 가진 양은 나머지 세 사람이 가진 양보다 7배 작다. 각각의 사람들은 몇 개씩 빵을 갖게 될까?

확실한 것은 참석자들이 나누어 받은 빵의 양이 등차수열(arithmetic sequence)을 형성한다는 점이다. 첫 번째 사람이 받은 빵의 양을 x, 두 번째 사람이 첫 번째 사람보다 더 받은 빵의 양을 y로 하자. 그러면

첫 번째 사람이 가진 양 ──────── x

두 번째 사람이 가진 양 ──────── $x+y$

세 번째 사람이 가진 양 ──────── $x+2y$

네 번째 사람이 가진 양 ──────── $x+3y$

다섯 번째 사람이 가진 양 ──────── $x+4y$

문제에 주어진 조건을 바탕으로 다음 두 방정식을 만든다.

$$x+(x+y)+(x+2y)+(x+3y)+(x+4y)=100 \cdots ①$$

$$7[(x+(x+y)]=(x+2y)+(x+3y)+(x+4y) \cdots ②$$

식 ①을 정리하면

$$x+2y=20,$$

식 ②를 정리하면

$$11x=2y$$

위 두 방정식을 연립하여 풀면

$$x=1\frac{2}{3}, \quad y=9\frac{1}{6}$$

즉, 빵은 다섯 사람에게 다음과 같은 양으로 각각 분배된다.

$$1\frac{2}{3}, 10\frac{6}{5}, 20, 29\frac{1}{6}, 38\frac{1}{3}$$

2. 모눈종이 위의 대수학

수열이 5000년의 역사를 가지고 있음에도 불구하고, 일반 학교에서 그 모습을 드러낸 것은 비교적 오래되지 않았다. 러시아에서는 200년 전에 출판되어 반세기 동안 주요 학습서로 사용된 마그니츠키 _{leonti Mgnitchki (1669–} _{1739) 러시아의 수학자, 교육자–옮긴이} 의 교과서에 수열이 나와 있긴 하지만 수열의 일반법칙을 이해하지 못하고 있다. 그러므로 책을 쓴 사람 자신도 이런 문제를 어려워하고 있었다.

등차수열에서 각 항의 합계공식은 모눈종이(section paper)를 이용하면 쉽고 간단하게 풀이할 수 있다. 어떠한 등차수열이라도 모눈종이에는 계단모양으로 표현된다. 예를 들어 그림 1에 $ABDC$ 형태는 수열 2 ; 5 ; 8 ; 11 을 나타낸다.

이 등차수열의 각 항의 합을 구하기 위해 그림 1의 직사각형ABGE를 살펴보자. 직사각형$ABGE$는 $ABDC$와 $DCEG$로 나누어진다(여기서

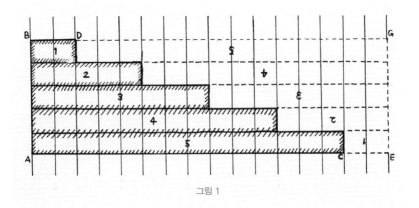

그림 1

230

$ABDC$와 $DCEG$가 일치한다는 사실의 증명은 생략한다). $ABDC$의 면적을 S로 놓으면 S는 바로 우리가 구하고자 하는 등차수열의 각 항의 합이다. 따라서 직사각형$ABGE$의 면적 $(\overline{AC}+\overline{CE})\times\overline{AB}$는 구하고자 하는 등차수열의 각 항의 합의 두 배이다.

그러나 $\overline{AC}+\overline{CE}$는 위 수열의 첫 번째와 다섯 번째 항의 합이므로($\overline{AB}$는 수열에서 항의 수를 나타낸다),

$2S=$(양 끝 항의 합계)$\times$(항의 수)

따라서

$$S=\frac{(\text{첫 번째 항}+\text{마지막 항})\times(\text{항의 수})}{2}$$

3. 텃밭에 물 뿌리기

텃밭에 30개의 이랑이 있고, 각 이랑은 길이가 $16m$, 폭이 $2.5m$이다. 밭 주인은 밭의 가장자리에서 $14m$ 떨어진 곳에 위치한 우물에서 양동이로 물을 길러 밭 고랑을 따라 설어 가며 물을 준다(그림 2). 이때 한 번에 가져 올 수 있는 물의 양은 밭 한 이랑에 뿌릴 수 있을 만큼의 양이다.

그림 2

이 전체 텃밭에 물을 주려면 밭주인은 얼만큼의 거리를 오가야 하는가? 길은 우물에서 시작되어 우물에서 끝난다.

풀 이

첫 번째 이랑에 물을 뿌리기 위해 주인은 다음의 거리를 걸어야 한다

$14+16+2.5+16+2.5+14=65m$

두 번째 이랑에 물을 뿌리려면

$14+2.5+16+2.5+16+2.5+2.5+14=65+5=70m$

를 걸어야 한다. 이와 같이 각각의 이랑은 이전 이랑에 물을 줄 때보다 5m 씩 더 걸어야 한다. 이를 고려하면 다음과 같은 수열이 만들어진다.

$65\,;\ 70\,;\ 75\,;\ \cdots\cdots\,;\ 65+5\times29$

앞서 구한 등차수열의 각 항의 합을 구하는 공식을 사용하면

$$\frac{(65+65+29\times5)30}{2}=4,125m$$

따라서 밭 전체에 물을 뿌리려면 밭 주인은 $4.125km$를 걸어야 한다.

4. 닭 모이 주기

어느 양계장에서 닭 한 마리가 일주일에 1리터의 사료를 먹는다는 전제하에 닭 31마리가 먹을 수 있는 분량의 사료를 비축하였다. 사료의 양을 계산할 때는 닭의 마리 수의 변화는 고려하지 않았으나, 실제로는 일주일마다 닭이 1마리씩 줄어들어 비축한 사료로 생각했던 기간의 두 배를 먹일 수 있었다.

처음에 계산한 사료 비축량은 얼마이며 기간은 얼마인가?

풀 이

비축한 사료의 양을 x리터, 기간을 y주일이라고 하자. 닭 31마리가 일주일에 1리터의 사료를 먹는다고 했으므로

$x=31y$

첫 주에는 31리터의 사료가 소비되었고, 이후 일주일마다 닭이 한 마리씩 줄었으므로 두 번째 주에는 30리터 세 번째 주에는 29리터 등등, 이런 식으로 두 배로 늘어난 기간의 마지막 주까지 계속된다. 이때 소비량은

기간별 사료 소비량

첫째 주	$31l$
둘째 주	$(31-1)l$
셋째 주	$(31-2)l$

$2y$째 주 　　　$31-(2y-1)=(31-2y+1)l$ 이므로

마지막 주의 소비량은 $(31-2y+1)l$ 이다.

따라서 전체 비축량은

$x=31y=31+30+29+\cdots+(31-2y+1)$

이것은 첫 항이 31이고 마지막 항이 $31-2y+1$인 수열의 $2y$ 항까지의 합이므로

$31y=\dfrac{(31+31-2y+1)2y}{2}=(63-2y)y$

y는 0이 아니므로 좌변과 우변의 y를 소거하면

$31=63-2y$ 따라서 $y=16$

그러므로

$x = 31y = 496$

비축된 사료는 16주 용으로 496리터이다.

5. 땅파기

부대에서 군인들이 막사 주변에 도랑을 파기 위해서 조를 편성하였다. 이 조 전체가 동시에 도랑을 파기 시작하면 24시간 후면 작업을 마칠 수 있다. 그러나 실제로는 군인 한 명만이 일을 시작하였고 어느 정도 시간이 지나 두 번째 군인이 합류하였고, 또 그만큼의 시간이 지난 후 세 번째 군인이, 또 같은 시간이 경과한 후에 네 번째 군인이, 이런 식으로 마지막 군인까지 합류하였다. 일한 시간을 계산해 보니 첫 번째 군인은 마지막 군인보다 11배 더 오래 일하였다. 마지막 군인은 얼마 동안 일을 하였나?

그림 3

풀 이

마지막으로 합류한 군인이 x시간 일했다고 하면, 첫 번째 군인은 $11x$시간 동안 일을 했다. 땅을 판 군인의 수를 y명 이라고 하면, 총 작업 시간은 항의 개수가 y이고, 첫 항이 $11x$, 마지막 항이 x인 감소 수열의 합으로 정의할 수 있다. 즉

$$\frac{(11x+x)y}{2}=6xy$$

반면에 y명으로 구성된 조가 동시에 일을 하면 작업은 24시간 만에 끝난다. 즉 작업을 완료하는데 $24y$시간이 필요하다는 뜻이다. 따라서

$$6xy=24y$$

y는 0이 아니므로 좌변과 우변의 y를 소거하면

$$6x=24, \quad x=4$$

따라서 작업에 마지막으로 합류한 군인은 4시간 동안 일을 했다.

더 나아가 조원이 모두 몇 명인지 궁금할 것이다. 하지만,(비록 우리가 위 방정식에서 미지수 y로 나타내기는 했지만), 그것은 위 문제의 주어진 조건 만으로는 해결할 방법이 없다.

6. 사과

과수원 주인은 수확한 사과의 절반과 사과 반 개를 첫 번째 구매자에게 팔았고, 두 번째 구매자에게 팔고 남은 사과의 절반과 또 사과 반 개를, 세 번째 구매자에게도 팔고 남은 사과의 절반과 사과 반 개를 팔았다. 이런 식으로 일곱 번째 구매자에까지 남아있는 사과의 절반과 사과 반 개를 팔았다. 이 후 사과는 남지 않았다. 과수원 주인은 총 몇 개의 사과를 수확한 것일까?

풀 이

과수원 주인이 수확한 사과의 개수를 x라고 하면, 첫 번째 구매자는

$\dfrac{x}{2} + \dfrac{1}{2} = \dfrac{x+1}{2}$ 개를 샀고,

두 번째 구매자는

$\dfrac{1}{2}(x - \dfrac{x+1}{2}) + \dfrac{1}{2} = \dfrac{x+1}{2^2}$ 개

세 번째 구매자는

$\dfrac{1}{2}\left(x - \dfrac{x+1}{2} - \dfrac{x+1}{4}\right) + \dfrac{1}{2} = \dfrac{x+1}{2^3}$ 개

일곱 번째 구매자는

$\dfrac{x+1}{2^7}$ 개를 사갔다.

따라서 다음과 같은 방정식이 만들어진다

$\dfrac{x+1}{2} + \dfrac{x+1}{2^2} + \dfrac{x+1}{2^3} + \cdots \dfrac{x+1}{2^7} = x$

이 식을 공통인수 $(x+1)$로 묶으면

$(x+1)(\dfrac{1}{2} + \dfrac{1}{2^2} + \dfrac{1}{2^3} + \cdots + \dfrac{1}{2^7}) = x$

괄호 안은 첫 항이 $\dfrac{1}{2}$ 이고 공비가 $\dfrac{1}{2}$ 인 등비수열의 7번째 항까지의 합(참고로 첫 항이 a이고 공비가 r인 등비수열의 n항까지의 합은 $\dfrac{a(1-r^n)}{1-r}$ 이다.)이므로 정리하면

$\dfrac{x}{x+1} = 1 - \dfrac{1}{2^7}$

따라서

$x = 2^7 - 1 = 127$

과수원 주인은 총 127개의 사과를 수확하였다.

7. 말편자에 박힌 못의 가격

마그니츠키의 《산수》에서 다음과 같은 우스운 문제를 발견할 수 있다.

누군가 말을 156루블에 팔고 있었다. 그 말을 사려던 한 사람이 중간에 생각이 바뀌어 말 주인에게 말했다.

"이 가격으로는 못 사겠네요. 말 값이 너무 비싸군요."

이때 말 주인은 다른 조건을 제안했다.

"당신 생각에 말 가격이 너

그림 4

무 비싸다면, 편자에 박힌 못만 사시오. 그러면 말은 덤으로 드리리다. 편자 하나에 못은 6개가 있소. 첫 번째 못 값으로 $\frac{1}{4}$ 코페이카를 내고, 두 번째 못 값으로 $\frac{1}{2}$ 코페이카, 세 번째는 1 코페이카 이런 식으로 내시오."

말을 사려는 사람은 낮은 가격에 혹하였고, 또 공짜로 말을 얻을 수 있다고 생각하고 제안을 받아들였다. 이 사람은 4개의 편자에 박힌 못 값으로 10루블이면 충분할 것으로 생각했다.

말 주인은 얼마를 받았을까?

풀 이

24개 못에 대한 값은

$$\frac{1}{4}+\frac{1}{2}+1+2+2^2+2^3+\cdots+2^{24-3}$$

코페이카이다. 이것은 첫 항이 $\frac{1}{4}$ 이고, 공비가 2인 등비수열의 24번째 항

까지의 합이므로

$$\frac{(2^{21} \times 2 - \frac{1}{4})}{2-1} = 2^{22} - \frac{1}{4} = 4,194,303 + \frac{3}{4} \text{ 코페이카,}$$

즉 약 42,000 루블이 나온다. 이런 조건이라면 말을 덤으로 주어도 불쾌하지 않을 것이다!

8. 한 군인이 받은 포상금

《예비역 포병 하사관이며 교사인 예핌 보이쨔호프스키가 지은 순수 수학의 전(全)단계》라는 장황한 제목이 달린 오래된 러시아의 수학책에서 다음과 같은 문제를 발견하였다.

전쟁에 참가한 군인이 부상을 당하면 첫 번째 상처에 대한 보상금으로 1코페이카를 주고, 2번째 상처에 대해 2코페이카, 3번째 상처에 대한 보상금은 4코페이카……를 주기로 했다. 계산을 해보니 총 655루블 35코페이카를 받은 군인이 발견되었다. 그 군인의 상처는 모두 몇 개일까?

풀 이

식을 세워보자. 이 군인이 전쟁에서 얻은 상처의 개수를 x라고 하면

$$65,535 = 1 + 2 + 2^2 + 2^3 + \cdots + 2^{x-1}$$

따라서 이 군인이 받은 보상금은 초항이 1, 공비가 2인 등비수열의 x항까지의 합이다.

$$65,535 = \frac{2^{x-1} \times 2 - 1}{2-1} = 2^x - 1,$$

그러므로

$65,536 = 2^x$ 이므로 $x = 16$

이런 관대한 보상금제도를 통해 655루블 35코페이카를 받으려면, 전쟁에 참가한 군인은 16곳에 상처를 입어야 하고, 또 그런 상황에서도 살아남아야 한다.

9. 일곱 번째 연산법-로그

라플라스 Laplace, 1749~1827, 프랑스의 수학자, 천문학자, 물리학자-옮긴이 는 로그에 대해 다음과 같이 이야기 하였다.

"로그의 발명으로 몇 달 걸리는 계산을 며칠 안으로 할 수 있게 되면서 천문학자들의 인생은 두 배로 연장된 듯하다."

이 위대한 수학자는 천문학자들이 특히 복잡하고 진을 빼는 큰 수의 계산을 해야 한다는 것을 잘 알았기 때문에 그들에 대해 언급한 것이다. 그러나 라플라스의 말은 계산을 해야 하는 모든 일반인들에게도 해당되는 것이었다.

로그를 이용한 편리한 계산법에 길들여진 현대인들은 이 로그가 처음 발명되었을 때 느꼈던 경이와 환희를 상상하기 어려울 것이다. 로그를 발명한 네이피어와 동시대를 살았고, 상용로그의 창시자로 뒤 늦게 명성을 얻은 영국의 H.브리그스는 로그의 창시자인 네이피어의 저술을 받아 읽고 다음과 같은 글을 썼다.

"네이피어가 창안한 이 경이로운 로그는 나로 하여금 저술작업에 몰입

하도록 하였고, 그 결과로 나는 무척이나 마음에 드는 훌륭한 책을 만들수 있었다. 네이피어는 이 책을 아직 보지 못했기 때문에 여름에 그를 직접 만나고자 한다."

브리그스는 자신의 계획대로 로그의 창안자를 만나기 위해 스코틀랜드를 방문하였고 네이피어를 만나 다음과 같이 말하였다.

"나의 이 긴 여행의 목적은 오로지 당신을 만나 당신에게 어떤 예지력과 재능이 있기에 천문학자들을 감탄시킨 이 방법, 즉 로그를 창안하게되었는지를 묻는 것이었습니다. 그런데 지금은 왜 그 전에 누구도 로그를발견하지 못했었는지가 더 궁금합니다. 알고 나면 이렇게 쉬워 보이는 것을 말입니다."

10. 로그의 경쟁자

계산하는데 걸리는 시간을 줄이고자 하는 바램은 로그 발명 전에 다른형태의 표를 탄생시켰다. 이 표를 이용하면 곱셈은 덧셈이 아닌, 뺄셈으로 대체된다. 이 표는 다음 항등식을 바탕으로 만들어졌다. 우리는 이것을 제곱의 $\frac{1}{4}$ 표라고 한다.

$$ab = \frac{(a+b)^2}{4} - \frac{(a-b)^2}{4},$$

우변을 정리하면 쉽게 확인된다.

두 수의 합을 제곱한 수의 $\frac{1}{4}$ 에서 두 수의 차의 제곱의 $\frac{1}{4}$ 을 빼면 곱셈을 하지 않고도 두 수의 곱을 구할 수 있다. 이 표는 제곱하는 것과 제곱근을 푸는 것을 쉽게 하고, 역수표와 합쳐지면 나눗셈도 간단하게 만든다.

로그표와 비교했을 때 이 표의 장점은 답을 근사값이 아닌 정확한 값으로 얻을 수 있다는 점이다. 이 장점 하나를 제외한 다른 부분들, 실제로는 훨씬 더 중요할 수 있는 것들을 로그에 양보했다. 또한, 제곱의 $\frac{1}{4}$ 표는 단지 두 수를 곱하는 경우에만 유용하다면, 로그로는 얼마든지 많은 수의 곱을 한 번에 구할 수 있고, 이외에도, 원하는 만큼의 거듭제곱을 할 수 있고, 또 지수가 어떤 형태든 상관없이(정수이건 분수이건) 근을 구할 수 있다. 예를 들어 제곱의 $\frac{1}{4}$ 표를 가지고 복잡한 비율을 계산한다는 것은 불가능하다.

어쨌든 제곱의 $\frac{1}{4}$ 표는 출판되었고, 그 후 전천후 형태의 로그표 table of

logarithm—여러 가지 로그표가 있는데 일반적으로 '로그표'라고 하면 '상용로그표'를 의미한다. 여러분도 아시다시피 로그표에는 가수부분만 표기되어 있다─옮긴이 가 출현했다. 1856년 프랑스에서 다음과 같은 제목으로 출간되었다.

《로그의 사용보다 더욱 편리하고, 단순한 방법으로 수의 정확한 곱을 구할 수 있는 1에서 10억까지 수의 제곱표. 저자: 알렉산더 코사르》

많은 사람들이 이런 아이디어가 이미 오래 전에 착안되었을 것이라고 의심해 보지도 않고, 자기가 처음으로 생각해 냈다고 착각들을 한다. 내게도 두 번이나 그런 발명가가 찾아왔는데, 자신이 만든 표가 이미 300년 전에 존재했었다는 사실을 알고는 매우 놀라워했다.

로그가 나오기 바로 전에 나왔던 것으로 여러 기술관련 서적에 나오는 계산표가 있다. 활용도가 높은 이 계산표는 2에서 1000까지의 수들을 가지고 제곱, 세 제곱, 제곱 근, 세 제곱 근, 역수, 원의 둘레와 면적 등이 기록되어 있다. 기술적인 계산을 많이 해야 할 때 이 표를 이용하면 매우 편리하지만, 늘 만족스럽지는 않다. 반면, 로그는 훨씬 더 폭 넓게 적용될 수 있다.

11. 로그표의 진화

우리 학계에서 소수점 아래 5자리까지의 로그표를 사용한 것은 그다지 오래된 일이 아니다. 하지만 지금은 보통 소수점 아래 4자리까지만 표기하는데 이것은 소수점 아래 4자리까지의 값만으로도 기술적인 계산을 하는데 충분하기 때문이다. 그러나 실제적으로 필요한 대부분의 계산은 소수점 아래 3자리까지의 가수假受만으로도 충분하다.

보다 짧은 가수로도 충분하다고 인식된 것은 비교적 최근의 일이다. 학계에서 그 지긋지긋한 싸움을 한 후에야 5자리 로그표에 자기 자리를 내주었던 그 두꺼운 7자리 로그표 전집을 사용하던 때를 아직 기억한다. 하지만 7자리 로그값이 처음 나타났을 때(1794)는 7자리 역시 부족한 발명품으로 보여졌었다. 영국의 수학자 헨리 브리그스에 의해 탄생된 첫 번째 상용 로그값은 14자리까지 수록된 것이었다. 몇 년 후 네델란드 출신의 수학자 안드리안 블락이 10자리 로그표를 만들어 14자리 로그표를 대체하여 사용하였다.

보다시피 로그표의 형태는 많은 자릿수의 가수에서 점점 적은 자릿수의 가수로 옮겨가고 있으며 아직도 그 행보는 계속되고 있다. 왜냐하면 지금도 많은 사람들이 계산의 정확성은 차원의 정확성을 넘어서지 못한다고 인식하고 있기 때문이다.

가수의 축소는 두 가지의 중요한 실제적인 효과를 동반한다.

첫째, 표의 양이 현격히 줄어 들고, 둘째, 이에 따라 사용이 편리하게 된다. 즉 표를 이용하는 경우 계산속도의 증가를 말한다. 7자리 로그표는 대형 본 200쪽 분량이었고, 5자리 로그표는 두 배 작은 용지로 30쪽 분량, 4자리 로그표는 대형 본 두 쪽에 들어가는 10배 작은 분량이고 3자리 로그표는 한 장에 들어갈 수 있는 분량이다.

계산 속도가 빨라진다는 것은 어떤 의미인가. 예를 들어 5자리 로그표를 이용하면 7자리 로그표를 이용하여 계산한 것에 비해 시간이 반밖에 안 걸린다는 의미이다.

12. 로그의 경이로움

실 생활 및 기술관련 계산을 하려고 한다면 3~4자리 로그표 만으로도 충분하지만, 이론 연구가들의 작업을 위해서는 보다 자세한 로그표, 브리그스의 14자리 로그표보다도 더 정확한 로그표가 필요하다. 일반적으로 대부분의 경우 로그값은 무리수이므로 정확한 값을 구할 수 없다. 가수가 많을수록 좀 더 정확해지긴 하지만 대부분의 로그값은 아무리 많은 자릿수로 나타내어도 단지 근사값일 뿐이다. 학술 작업에서는 14자리 로그값

브리그스의 14자리 로그는 1에서 20,000미만 그리고 90,000에서 101,000미만까지의 수만 해당된다. 으로도 필요로 하는

정확성을 만족시키지 못하는 경우가 가끔 있다. 하지만 발명되어 세상에 나온 500여가지의 사용 가능한 모든 로그표들 중에서 분명히 필요한 표를 찾을 수 있을 것이다. 프랑스 칼리에서 발행된 2에서 1200까지의 20자리 로그표를 그 예로 들 수 있다. 보다 더 제한된 범위의 수에서는 수십자리의 거대한 수들이 나열된 로그표도 있다(진정한 로그의 경이로움은 내가 확신하듯이, 많은 수학자들도 그 경이로움을 의심하지 않는다는 점이다).

이러한 많은 자릿수를 가진 로그표가 현실화되었다. 이때 사용하는 로그는 상용로그가 아닌 자연로그이다(밑이 10이 아닌 $e = 1 + \frac{1}{1}! + \frac{1}{2}! + \frac{1}{3}! + \cdots + \frac{1}{n}! + \cdots = 2.71828\cdots$인 로그를 자연로그라 한다. 여기에 관해서는 앞으로 더 이야기 하겠다).

10,000까지의 수에 대한 볼프람의 48자리 표.

샤르프의 61자리 표.

파크허스트의 102자리 표.

그리고 경이로움을 훌쩍 넘어선 단계인 아담스의 260 자리의 로그 값.

아담스의 로그는 상용로그값이 아니라 자연로그 natural logarithm 또는 Napierian logarithm라고 하며 ln으로 표기한다.—옮긴이 라고 불리는 5개의 수, 즉 2, 3, 5, 7, 10을 260 자릿수로 된 지수로 나타내서 십진법의 수로 나타내는 것이다. 이 5 가지의 수를 가지고 더하거나 곱하여 많은 로그를 구할 수 있다는 것은 쉽게 이해할 수 있다. 예를 들면 $ln12 = ln2 + ln2 + ln3$ 등이다.

13. 무대 위의 로그

놀라운 계산 능력을 보여주는 묘기 중에서 사람들을 가장 놀라게 하는 것은 아마도 지금 내가 여러분에게 말하고자 하는 것이 아닐까!

수의 달인이 암산으로 많은 자릿수의 거듭제곱 근을 풀 것이라는 포스터의 광고를 보고, 당신은 집에서 어떤 수의 서른 한 제곱을 인내심을 가지고 계산해서 그에게 도전할 준비를 한다. 35자릿수라는 큰 수를 가지고 그 달인의 코를 납작하게 하려 할 것이다. 적당한 때에 당신은 그 달인에게 다음과 같이 질문한다.

"어떤 수를 31제곱했을 때 다음과 같이 35자리의 수가 되는지 맞혀 보세요."

수의 달인은 당신이 첫 번째 수를 말하려고 입을 열기도 전에 분필을 들고 답 13을 썼다.

수도 모른 채 그는 근을 풀었다. 서른 한 제곱을, 게다가 암산으로, 그것도 눈깜짝할 사이에!

당신은 당혹감을 느낄 것이고 너무나 허무할 것이다. 사실 여기에 불가사의한 것은 아무것도 없다. 비밀은 31제곱을 해서 35자릿수가 되는 수는 바로 13밖에 없다는 점이다. 13보다 작은 수는 서른 한 제곱을 하였을 때 자릿수가 35가 안 되고, 13보다 큰 수는 35자리보다 더 커진다.

그런데 수의 달인은 이 사실을 알고 있었을까? 어떻게 그는 정답 13을 그토록 쉽고 빠르게 찾아냈을까? 그를 도와준 것은 다름 아닌 로그, 즉 그가 외어두었던 15~20까지 수에 대한 소수점 아래의 두 자리 로그값이었다. 그것을 외우는 것은 그다지 어려운 일이 아니다. 특히, 어떤 수의 로그값을 구하기 위해서 다음을 이용하면 무척이나 간단해진다. 두 수의 곱의 로그값은 두 수 각자의 로그값의 합과 같다, 즉 $log(ab)=loga+logb$. $log2$, $log3$, $log7$의 값 $\log5=\log\frac{10}{2}=1-\log2$임을 기억하자 을 확실히 기억하고 있다면 한 자릿수의 로그값들은 이미 알고 있는 것이고, 두 자릿수들의 로그값을 알려면 네 개 수 십의 자리 소수, 즉 11, 13, 17, 19 −옮긴이 의 로그값을 더 기억하기만 하면 된다.

어쨌든 간에 무대 위의 수의 달인은 다음 2자리 로그표를 머리 속에서 잘 활용했다.

수	로그값	수	로그값
2	0.30	11	1.04
3	0.48	12	1.08
4	0.60	13	1.11
5	0.70	14	1.15
6	0.78	15	1.18
7	0.85	16	1.20
8	0.90	17	1.23
9	0.95	18	1.26
		19	1.28

당신을 당혹하게 만들었던 수의 달인의 수학적 기술은 다음과 같다.

$$log^{31}\sqrt{(35개의 숫자)} = \frac{34.\cdots\cdots}{31}$$

그러므로 미지의 로그는 다음 범위 안에서 존재한다

$\frac{34}{31}$ 그리고 $\frac{34.99}{31}$ 사이 또는 1.09와 1.13사이.

이 범위 내에는 단 한 개의 로그의 값, 즉 1.11이 있고 그 수는 $log13$이다. 이런 방법으로 당신을 깜짝 놀라게 한 답은 쉽게 구해진다. 물론 이 모든 것을 머리 속으로 재빨리 수행하려면 전문적인 민첩성과 숙련도를 가져야 함은 당연하다. 그러나 보다시피 본질적으로는 매우 단순한 일이기도 하다. 이제는 여러분도 비슷한 묘기를 해 볼 수 있다. 암산이 아닌 종이를 사용한다면 말이다.

다음과 같은 문제가 여러분에게 주어졌다고 하자.

64제곱 했을 때 20자릿수가 나오는 수는 무엇인가?

어떤 수에 관한 것인지 아직 알려주지 않았다고 해도 당신은 답을 말할 수 있다.

답은 2이다.

실제로 $log^{64}\sqrt{(20자리의 수)} = \dfrac{19.\cdots\cdots}{64}$ 이 되고, 이것은 $\dfrac{19}{64}$ 그리고 $\dfrac{19.99}{64}$ 사이에, 즉 0.29와 0.32 사이에 위치한다. 로그표에서 이 조건을 만족하는 로그는 단 하나이다. 그것은 0.30, 즉 $log2$이다.

여러분은 그가 어떤 수를 생각하고 문제를 냈는지도 말해 준다면 완전히 그를 감동 시킬 수 있을 것이다. 그것은 유명한 '체스게임'의 수이다.

$2^{64} = 18,446,744,073,709,551,616$

14. 축산농장에서의 로그

가축의 기초대사량(basal metabolism, 즉 생명 유지를 위하여 열을 발생시키고, 죽은 세포대신 새로운 세포를 생성시키고, 신진대사를 가능하게 하는 최소 열량)은 가축의 표면적의 크기에 비례한다. 이 사실에 근거하여 무게가 $420kg$인 황소의 '기초대사'에 필요한 사료의 열량(칼로리, cal)을 구하시오. 단, 무게가 $630kg$나가는 황소는 $13,500cal$가 필요하다.

풀 이

축산분야에서 실제로 다루어지는 문제를 풀려면 대수학 외에 기하학의 도움도 빌려야 한다. 문제 조건에 따라 우리가 모르는 기초 대사량 x는 황소

의 표면적 s에 비례한다. 즉

$$\frac{x}{13,500} = \frac{s}{s_1}$$

여기서 s_1은 630kg나가는 황소의 표면적이다. 기하학에서 어떤 몸체의 표면적 s는 몸체의 길이의 제곱으로 나타내고, 체적(몸무게도 마찬가지이다) 은 길이의 세 제곱이 된다. 그러므로

$$\frac{s}{s_1} = \frac{l^2}{l_1^2}, \quad \frac{420}{630} = \frac{l^3}{l_1^3}, \quad 즉 \quad \frac{l}{l_1} = \frac{\sqrt[3]{420}}{\sqrt[3]{630}}$$

이로부터

$$\frac{x}{13,500} = \frac{\sqrt[3]{420^2}}{\sqrt[3]{630^2}} = \sqrt[3]{\left(\frac{420}{630}\right)^2} = \sqrt[3]{\left(\frac{2}{3}\right)^2},$$

$$x = 13,500\sqrt[3]{\frac{4}{9}}$$

로그표를 이용하여 구하면

$$x = 10,300$$

즉, 420kg짜리 황소의 기초대사에는 10,300cal의 열량이 필요하다.

15. 음악에서 사용되는 로그

음악가가 수학에 심취하는 일은 드물다. 대부분의 음악가들은 수학이라는 학문에 존경심을 가지면서도 가능한 멀리 떨어져 있길 바란다.

푸쉬킨의 살리에르 _{푸쉬킨의 희곡 〈모짜르트와 살리에르〉(1830)-옮긴이}와 같은 '화성법을 대수학적으로' 검토하지도 않는 음악가들이 사실 수학, 특히 이 공포스러운 로그를 생각보다 훨씬 더 자주 접하고 있다는 점이 흥미롭다.

이와 관련하여 물리학자 A. 에이헨발드 _{A. Eikhenvaľd (1863~1944) 러시아의 물리학자-옮긴이} 교수의 논문 _{이 논문은 〈1919년 러시아 천문학 달력〉에 게재된 것으로 〈크고 작은 거리에 관하여〉란 제목으로 출판되었다.}중에서 한 구절을 발췌해 보겠다.

"피아노 연주는 좋아하지만 수학은 싫어하던 친구가 하나 있었다. 심지어 그는 무시하는 어투로 음악과 수학은 서로 공통점이 전혀 없다고 말했다. '사실 피타고라스는 음의 공명(진동)간에 어떤 관계(규칙성)를 발견하였으나, 바로 이 피타고라스의 음계는 음악계에서는 전혀 적용되지 못한 것으로 판명되었다'.

한 번 상상해 봐라. 그 친구가 현대식 피아노의 건반을 따라 연주하고 있는데, 사실은 로그를 연주하고 있다고 내가 그 친구에게 증명하였다면 그는 얼마나 불쾌해 했을까!

실제로 '옥타브' 라고 불리는 것이 일정한 간격으로 배열되는 것은 진동수에 따른 것도, 음의 파장에 따른 것도 아닌, 바로 이들 크기(진동수, 파장)의 로그에 따른 것이다. 여기서 사용된 로그의 밑은 일반적으로 적용되는 10이 아니라, 2만 가능하다.

가장 낮은 옥타브 do음은 (여기서는 0 옥타브라고 하자) 초당 n번 진동한다. 이때 그 다음 옥타브의 do는 1초에 $2n$번 진동하고, m번째 옥타브의 do는 $n \times 2m$번 진동한다. 이런 식으로 피아노의 모든 반음계는 순서에 따라 번호 p로 나타내고, 각 옥타브에서 기본음 do를 0으로 한다. 그러면, sol은 7번째, la는 9번째가 된다. 12번째 음은 옥타브만 올라가고 다시 do가 된다. 조율된 반음계에서 매번 다음에 오는 음은 그전의 음보다 진동수가 $^{12}\sqrt{2}$ 크므로, 모든 음의 진동수는 다음 공식으로 표현할 수 있다

$$N_{pm} = n \times 2^m (^{12}\sqrt{2})^p$$

이 식의 양변을 밑을 2로 하는 로그로 나타내면

$$log_2 N_{pm} = log_2 n + m log_2 2 + p \frac{log2}{12}$$

또는

$$log_2 N_{pm} = log_2 n + (m + \frac{p}{12}) log_2 2,$$

가장 낮은 do의 진동수를 1 ($n=1$)로 하면 $log_2 2 = 1$ ($log_2 1 = 0$)이므로

$$log2 N_{pm} = m + \frac{p}{12}$$

여기서 우리는 피아노 건반의 번호는 해당 음의 진동수의 로그임을 알 수 있다.12를 곱한 것. 옥타브의 번호는 특성을 나타내고, 그 옥타브에서 음의 번호12로 나누어진 것. 는 이 로그의 가수를 나타낸다고도 말할 수 있다."

예를 들어, 세 번째 옥타브 sol음, 즉 수 $3 + \frac{7}{12}$ ($\fallingdotseq 3.583$)에서, 수 3은 이 음의 진동수의 로그이고, $\frac{7}{12}$ ($\fallingdotseq 0.583$)은 밑이 2인 로그의 가수이다. 따라서 진동수는 첫 번째 옥타브 do음의 진동수보다 $2^{3.583}$, 즉 11.98배 크다.

16. 별, 소음 그리고 로그

별로 연관성이 없을 것 같은 단어들의 조합이다. 하지만 실제로는 별들과 소음이 로그와 매우 밀접한 관련성이 있음을 살펴보도록 하자.

여기서 소음과 별이 함께 다루어지는 이유는 소음의 크기도, 별의 밝기도 똑같이 로그표를 이용하여 측정되기 때문이다.

천문학에서는 별들을 가시적인 밝기에 따라 1등성, 2등성, 3등성 등으

로 구분한다. 순차적인 별들의 등성에 따라 등차수열(산술급수)로 나타낼 수 있다. 하지만 별들의 물리적인 밝기는 다른 법칙에 따라 변한다. 별의 밝기는 분모 2.5의 기하학적 수열을 구성한다. 별의 '등성'은 별의 물리적 밝기의 로그로 나타난다는 것을 쉽게 이해할 수 있다. 예를 들어 3등성 별은 1등성 별보다 2.5^{3-1}배, 즉 6.25배 더 밝다. 다시 말해, 가시적인 별의 밝기를 중요시하여 천문학에서는 밑이 2.5일 때 형성되는 로그표를 사용한다. 이 흥미로운 관계에 관해서는 《페렐만의 재미있는 천문학》_{저자의} _{또 다른 교양과학 책이다.—옮긴이} 에서 충분한 지면을 할애하였으므로, 여기서는 자세하게 이야기하지 않겠다.

이 비슷한 방법이 소음의 크기를 측정하는데도 사용된다. 공장의 산업 시설 소음이 근로자들의 건강과 작업 생산성에 나쁜 영향을 미친다는 사실은 이 소음의 수치를 정확히 측정할 수 있는 방법을 개발하는 동기가 되었다. 소음의 단위는 '벨'인데, 실제로 사용하는 단위는 벨의 십 분의 일인 '데시벨, db'이다. 소음의 순차적인 단위는 1벨, 2벨 등으로(실제는 10데시벨, 20데시벨 등) 들리는 대로 산술급수(등차수열)를 형성한다. 이 소음의 물리적 '세기'는(더 정확히 하면 에너지가 된다) 10을 분모로 하는 기하학적 수열을 만든다. 1벨 치이의 크기는 소음 세기의 10에 해당된다. 즉 벨로 표현되는 소음의 크기는 소음의 물리적 세기의 상용로그와 같다. _{인간이 들} _{을 수 있는 최소 소음의 크기는 0db, 최대 소음은 130db 정도이다.—옮긴이}

몇 가지 예를 들어보면 더욱 명확해진다.

나뭇잎이 조용히 사각거리는 소리는 1벨이고, 크게 이야기하는 말소리는 6.5벨, 사자가 포효하는 소리는 8.7벨이다. 여기서 이야기 소리의 세

기는 나뭇잎 사각거리는 소리의 세기의

$10^{6.5-1}=10^{5.5}=316,000$배를 능가하고,

사자의 울음 소리의 세기는 이야기 소리의 세기보다

$10^{8.7-6.5}=10^{2.2}=158$배 더 크다.

8벨(즉 80db) 이상의 소음은 인간에게 매우 해로운 것으로 판명되었다. 그러나 많은 공장들이 위의 기준치를 아주 가볍게 넘기고 있다(10벨이상이 측정되기도 한다.). 망치로 철판을 내려치는 소리는 11벨에 다다른다. 이 소음은 허용기준치보다 100배, 1000배 더 큰 것이고, 가장 시끄러운 곳인 나이아가라 폭포의 소음 (9벨)보다 10~100배 더 크다.

천체의 가시적인 밝기 측정에서나, 소음 크기 측정에서와 같이 감각과 그 감각을 불러일으키는 자극의 크기 사이가 로그에 연관되어 있다면 이것은 우연한 일일까? 그렇지 않다. 이것은 '밝기 측정이나 소음의 크기 측정에서와 같이 감각의 크기는 자극 크기의 로그에 비례한다'는 〈페흐너 (Gustav Fechner(1801~1887) 독일의 물리학자, 심리학자―옮긴이 심리 물리법칙〉이라고 불리는 일반적인 법칙의 결과이다.

이렇듯 로그는 심리학 분야에도 사용된다.

17. 전기 조명에서의 로그

가스로 채워진 등 가스등―옮긴이 이 속이 빈 금속 필라멘트선 램프 일반적인 백열전구를 말한다―옮긴이 보다 더 밝은 이유는 빛을 내게 하는 온도의 차이 때문이다. 물리

법칙에 따르면 백색의 빛을 낼 때 나오는 빛의 총량은 절대온도의 열 두 제곱에 비례하여 커진다. 이 법칙을 기억하고 다음 계산을 해보자.

Ⅰ. 내부 가스의 온도가 2,500K인 가스등은 필라멘트선이 2,200K까지 뜨거워지는 백열전구보다 몇 배 더 많은 양의 빛을 내는지 알아보자.

Ⅱ. 등의 밝기를 두 배로 높이려면 절대온도를 몇 퍼센트 올려야 하나?

Ⅲ. 전구의 필라멘트선의 절대온도가 1% 증가한다면 등의 밝기는 몇 퍼센트 더 밝아지는가?

풀 이

Ⅰ.

미지수를 x로 놓고, 다음 방정식을 만든다.
$$x = (\frac{2500}{2200})^{12} = (\frac{25}{22})^{12}$$
이로부터
$$log x = log\{(\frac{25}{22})^{12}\} = 12(log25 - log22),$$ 따라서 $x = 4.6$

가스등은 백열전구보다 4.6배 더 빛을 낸다. 즉, 백열전구가 50촉의 빛을 낸다면 가스등은 같은 조건에서 230촉의 빛을 낸다.

Ⅱ.

방정식을 만들어 보면

$(1+\dfrac{x}{100})^{12}=2,$

이로부터

$log(1+\dfrac{x}{100})=\dfrac{log2}{12}$ 따라서 $x=6\%$

III.

로그를 이용하여 $x=1.0112$를 풀어보면

$x=1.13$

을 구할 수 있다. 따라서 밝기는 13% 증가한다.

온도가 2% 증가했을 때, 등의 밝기를 계산하면 27% 더 밝아 졌음을, 또 온도가 3% 증가했을 때는 밝기의 강도가 43% 증가했음을 알 수 있다.

이로써 전구제작 과정에서 무엇 때문에 그렇게 온도의 작은 눈금 하나하나를 소중하게 여기면서 필라멘트선의 온도 증가에 심혈을 기울이는지 확실히 알 수 있었다.

18. 로그 코미디

여러분이 이미 5장에서 본 수학 코미디와 비슷한, 즉 부등식 2>3을 증명하라는 식의 문제와 같은 유형인 '증명' 과 같은 종류의 예를 하나 더 들고자 한다. 이번에는 로그를 이용하여 증명하는 방법이다. '코미디' 는 부등식으로 시작된다.

$\dfrac{1}{4}>\dfrac{1}{8}$

는 논쟁의 여지 없이 참이다. 그 다음

$$\left(\frac{1}{4}\right)^2 > \left(\frac{1}{8}\right)^3$$

또한 의심의 여지가 없다. 큰 수는 로그화해도 크다. 즉

$$2log_{10}\left(\frac{1}{2}\right) > 3log_{10}\left(\frac{1}{2}\right)$$

이 부등식의 양변을 $log_{10}\left(\frac{1}{2}\right)$로 나누어주면 2>3이다. 이 증명에서 어떤 실수가 있었던 것일까?

풀 이

실수는 $log_{10}\left(\frac{1}{2}\right)$으로 양변을 나누었을 때 부등호의 방향에 변화가 없었다는 점이다. $log_{10}\left(\frac{1}{2}\right)$은 음수이므로, 부등호의 방향이 반대가 되었어야 한다. (만일 우리가 10을 밑으로 하는 로그를 취하지 않고 $\frac{1}{2}$보다 작은 수를 밑으로 하는 로그를 이용했다면, $log\left(\frac{1}{2}\right)$은 양수가 된다.)

19. 부정(不定) 수 – 세 개의 2

한 물리학 대회에서 참석자들을 사로잡은 기지 넘치는 대수학 문제로 이 책을 마치겠다. 그 문제는 다음과 같다.

모든 양의 정수를 세 개의 2와 수학 기호를 사용하여 표현하라.

풀 이

먼저 하나의 예를 들어 이 문제가 어떻게 풀이되는지 보여주겠다. 주어진

수를 3이라고 하자. 이때 문제는 다음과 같이 풀이된다.

$3 = -log_2 log_2 \sqrt{\sqrt{\sqrt{2}}}$

이 등식이 참인 것을 쉽게 확인할 수 있다. 실제로

$\sqrt{\sqrt{\sqrt{2}}} = [(2^{\frac{1}{2}})^{\frac{1}{2}}]^{\frac{1}{2}} = 2^{\frac{1}{2^3}} = 2^{2^{-3}}$

$log_2 2^{2^{-3}} \cdots = 2^{-3}, \; log_2 2^{-3} = -3$

수 5가 주어졌다면 우리는 다음과 같은 방법으로 풀이했을 것이다.

$5 = -log_2 log_2 \sqrt{\sqrt{\sqrt{\sqrt{\sqrt{2}}}}}$

위에서 살펴본 것 같이, 여기서 우리는 제곱근에서 루트를 없애는 것을 이용해서 답을 푼다.

문제의 일반적인 풀이는 이렇다. 수 N이 주어진다면

$$N = -log_2 log_2 \underbrace{\sqrt{\cdots \sqrt{2}}}_{(N\text{번})},$$

여기서 루트의 개수는 주어진 수와 같다.

경 제 와 대 수 학

벤자민 프랭클린의 유서

체스게임 발명자가 상금으로 요구했던 밀알 수에 대한 전설은 무척 유명하다 이것에 대해서는 저자의 《페렐만의 살아있는 수학》에 잘 나와 있다.-옮긴이. 이 수는 1로 시작하여 연속으로 두배씩 늘어나게 된다. 게임발명자는 체스판의 첫 번째 칸에 대해 1알, 두 번째 칸에 대해 2알 등, 마지막 64칸까지 연속해서 앞에서 요구한 것의 2배씩 증가한 밀알을 요구했다.

그러나 수는 위와 같이 계속적으로 두 배를 할 때뿐 아니라, 훨씬 더 완화된 증가기준에서도 그 크기는 예상외로 급격히 증가한다. 예금 이율이 5%라면 예금액은 매년 1.05배 로 증가한다. 증가율이 그리 크지 않은 것처럼 보인다. 하지만 충분한 시간이 경과하면 예금액은 아주 큰 금액이 된다. 아래 나오는 상속에 관한 이야기가 이를 증명해 줄 것이다. 유언자가 얼마 안 되는 돈을 남기면서 엄청난 금액을 지불할 것을 요구했다면 참 이상하게 들렸을 것이다. 미국의 정치가이자 과학자이고 문필가였던 벤자민 프랭클린의 유서는 그의 명성만큼이나 유명하다. 이 유인장은 《벤자민 프랭클린의 저술 모음집》을 통해 발행되었다. 한 부분을 발췌하여 살펴보자.

1,000파운드 영국의 화폐 단위-옮긴이 를 보스톤 시민에게 위임합니다. 보스톤 시민이 이 돈을 수령한다면, 몇몇 똑똑한 사람들을 뽑아 이 돈을 맡겨야 합니다. 그러면 그 사람들은 그 돈을 연이자 5%를 받고 젊은 수공업자들에게 빌려줄 것입니다. 그 당시에 미국에는 아직 신용금융기관이 없었다. 그렇게 100년이 지나면 금액은 131,000 파운드로 늘어 날 것입니다. 그러면 금액 중 100,000 파운드는 공공건물을 짓는데 써주시고, 나머지 31,000 파운드는 100년 동안 이자를 늘릴 수 있도록 역시 같은 조건으로 맡겨주십시오. 두 번째 100년 동안 금액은 4,061,000파운드까지 늘어날 것입니다. 그 중 1,060,000파운드는 보스톤 시민들이 처리하게 하고, 3,000,000파운드는 메사추세츠 자치단체로 보내주십시오. 더 이상은 관여하지 않겠습니다.

유산으로 천 파운드를 남긴 프랭클린은 시민들에게 수 백만 파운드를 나누어 줄 수 있었다. 엉뚱한 듯 하지만 여기서 비합리적인 점은 하나도 없었다. 수학적 계산으로 프랭클린의 계획이 충분히 실행 가능하다는 것을 확인할 수 있다. 1,000파운드는 매년 1.05배로 늘어나고, 100년 후가 되면 다음과 같은 금액이 된다.

$x = 1,000 \times 1.05^{100}$ 파운드

이 식은 로그를 이용하여 쉽게 계산할 수 있다.

$\log x = \log 1,000 + 100 \log 1.05 = 5.11893$

이로부터

$x = 131,000$

이는 유언장 내용에 부합된다. 이어 다음 100년 동안 31,000파운드는

다음과 같이 늘어난다.

$y=31,000 \times 1.05^{100}$

로그를 이용하여 풀어보면

$y=4,076,500$

이 금액은 유언장에 명시된 금액과 별차이가 없다.

다음 문제는 여러분이 직접 풀어보길 바란다. 살띠꼬프 Michail Saltikov-Shedrin(1826~1889) 19세기 중엽의 러시아의 현실을 비판적 시각으로 작품화 했던 작가 —옮긴이 의 소설 《골로블료프 가의 사람들》에서 발췌한 내용이다.

"뽀르피리 블라지미로비치는 자신의 서재에 앉아서 계산을 하고 있다. 계산의 내용은 그가 태어났을 때 할아버지가 그에게 선물로 준 100루블을 어머니가 그때 바로 어린 뽀르피리의 이름으로 전당포에 맡겼다면 현재 그 돈은 얼마가 되었을까 하는 것이었다. 그렇게 많지 않은 액수의 돈이 나왔다. 총 800루블이다."

뽀르피리가 계산을 하고 있는 당시 그의 나이는 50세이고, 뽀르피리의 계산이 정확했다는 가정하에(사실 그의 계산이 정확할 가능성은 희박하다. 왜냐하면 로그를 알 리 없고, 어려운 백분율 계산을 했을 리도 없으므로) 그 당시 전당포는 몇 퍼센트의 이자를 지불했는지 계산해 보기 바란다.

지속적으로 증가되는 원금

은행에서는 매년 이자를 원금과 합산한다. 이 합산을 더욱 자주 한다면 더 많은 금액의 이자가 책정되므로 원금은 훨씬 빨리 커진다. 이론적으로는 아주 간단하다. 예를 한번 들어보자. 100루블을 매년 100%의 이자가 나오는 은행에 맡겼다고 하자. 이자는 1년이 지나서야 원금에 합산된다고 하면, 이 기간이 되어서야 100루블은 200루블이 된다. 그러면, 만일 이자가 반 년마다 원금에 합산된다면 100루블은 얼마가 되는지 알아보자. 반년 동안 100루블은 다음과 같이 커진다.

100루블×1.5＝150루블

또 반년이 지나면

150루블×1.5＝225루블

만일 이자를 $\frac{1}{3}$년 마다 합산한다면, 1년 동안 100루블은 다음과 같은 액수가 된다.

$100루블 \times (1 \times \frac{1}{3})^3 ≒ 237루블 \, 03코페이카$

이자를 합산하는 기간을 0.1년, 0.01년, 0.001년 등으로 줄여보자. 이런 경우, 1년이 지난 후 100루블은 얼마가 되어있을까?

$100루블 \times 1.1^{10} ≒ 259루블 \, 37 \, 코페이카$

$100루블 \times 1.01^{100} ≒ 270루블 \, 48 \, 코페이카$

$100루블 \times 1.001^{1000} ≒ 271루블 \, 69 \, 코페이카$

합산 기간이 무한이 줄어드는 경우에 불입된 원금은 무한대로 커지는 것이 아니라, 대략 다음과 같은 어떤 한계치에 가까워진다. 이것은 고등수학으로 증명할 수 있다. 코페이카에서 소수 부분은 버렸다.

271루블 83코페이카

납입된 원금의 2.7183배 보다 더 커지는 것은 불가능하다. 이자를 매초마다 원금에 합산시키는 경우조차 말이다.

무리수 'e'

앞에서 얻어진 수 2.718…은 고등수학에서 굉장히 중요한 역할을 한다. 우리가 잘 알고 있는 π(원주율 −3.141592…)이상으로 중요한 역할을 하는 이 무리수는 기호 e로 나타낸다. 이의 값은 정확하게 구할 수 없고 이 외에도 이 수는 π 처럼, 초월의 수가 아니다. 즉 정수계수를 갖는 어떤 대수학 방정식으로도 답을 얻을 수 없다, 다음과 같은 일련의 항을 이용하여 근사값만을 계산할 수 있다 (몇 차인지 관계없이).

$$1+\frac{1}{1}+\frac{1}{1\times2}+\frac{1}{1\times2\times3}+\frac{1}{1\times2\times3\times4}+\frac{1}{1\times2\times3\times4\times5}\cdots\cdots$$

위에서 언급된 예에서의 원금의 증가에는 바로 무리수 e가 그 한계를 나타낸다.

$$(1+\frac{1}{n})^n$$

우리가 여기에 다 나열할 수는 없지만, 무리수 e가 로그의 밑으로 사용되는 것이 매우 적절하다고 말할 수 있다. 어쨌든 밑이 e인 로그표 ('자연로그표')가 만들어졌고, 그것이 학문과 기술분야에서 광범위하게 적용되는 것을 볼 수 있다. 앞서 언급한 바가 있는 48, 61, 102, 260으로 실행되는 로그들은 바로 무리수 e를 근간으로 한다.

무리수 e는 전혀 기대치 않은 곳에서 종종 보여진다. 예를 들어 다음과 같은 질문을 설정해 보자.

임의의 수 a가 있다. 이 a를 몇개로 어떻게 분리해야(분리한 수들의 합이 a가 되게) 분리한 각 수를 모두 곱했을 때 최대값이 나올 수 있을까?

우리는 합이 일정할 때 곱이 최대가 되려면 각각 더해지는 또는 곱해지는 수들이 똑같아야 한다는 것을 이미 알고 있다. 그러므로 a는 똑같은 수로 나누어져야 한다. 그러면 몇 등분을 하란 말인가? 2등분, 3등분, 10등분? 고등 수학을 적용하면, 몫이 무리수 e에 가장 근접할 때 곱은 최대값을 갖는다.

예를 들어 수 10을 2.718……로 나누었을때 나오는 수와 가장 가까운 수만큼 분리 해야 한다.

$$\frac{10}{2.718} = 3.678……$$

어떤 수를 3,678…… 부분으로 나누는 것은 불가능하다. 그러므로 가장 가까운 정수 4를 택한다. 즉 10을 4등분으로 나눈 2.5를 4제곱하게 되면 위에서 구하는 최대값이 나온다.

즉

$(2.5)^4 = 39.0625$

실제로 10을 3등분 또는 5등분한 수를 곱해보면 그 수가 위의 수보다 적음을 알 수 있다.

$(\dfrac{10}{3})^3 = 37,$

$(\dfrac{10}{5})^5 = 32.$

수 20에서 그 몫들의 곱의 최대값은 7등분 했을때 나온다.

왜냐하면

$20 \div 2.718\cdots = 7.36 \fallingdotseq 7$

마찬가지로 수 50은 18등분 해야하고, 100은 37로 등분을 해야 한다.

$50 \div 2.718\cdots = 18.4,$

$100 \div 2.718\cdots = 36.8$

무리수 e는 수학, 물리, 천문학, 그리고 여타 다른 학문에서도 매우 중요한 역할을 한다. 수학적 관점에서 볼 때에 이 수를 적용해야 하는 분야가 몇 가지 있다 (이 문제목록은 무한히 증가할 수 있다). 일일이 설명을 하지 않겠다. 다만 아주 유용하게 쓰인다는 것만 일단 알기 바란다.

바로미터 공식(높이에 따른 압력저하)

오일러 공식

물체 냉각법칙

지구 방사성의 저하 및 증가

공기 중 진자의 흔들림

로켓 속도측정을 위한 찌올크 공식

전자기파 궤적에서 공명현상

세포성장

Creative man creates himself

Even though my present students in KAIST are all doctoral candidates in aerospace engineering and good mathematicians, I know a little bit about grade school math, at least of USA. That is because, in 1970s, when my three daughters were in grade schools in California, I had to tutor one of them because she was so terrible in math. Even though the so-called 'new math' concept existed, our children were

taught strictly under the so-called 'back to the basics' principle. My slow-in-math daughter could not hack it. The 'back to the basics' method is essentially the same method used 17 centries ago in Egypt, which consisted of a step-by-step compilation of theorems and doctrines. It is the disciplinarian approach and was the method by which I myself was taught in the 1950s. They say that we Asians do well under this method. But, everybody says, we Asians

tend to be only good followers and not good leaders in science. That is, we are not creative enough. In our Asian culture, expressing creativity had been considered rude. Our today's worries and concerns center around the question of 'how to inculcate creativity'. Math education is particularly problematic because it is most prone to the disciplinarian approach.

When I read this book, I find a totally different approach at work. The book has no structure according to theorems or doctrines. Instead it brings a student into many different situations and asks the student to produce mathematical equations that best describes those situations. That is, the student is asked to 'formulate' a problem rather than to 'solve a given problem'. This is the very essence of the 'creativity' lacking in the math education I and my daughters were given.

In my teaching of aerospace engineering, it is this 'ability to formulate' that I find generally lacking among students. Once the problem is formulated and given to students, they all do very well. This 'solving an already formulated problem' means not much more than looking up a handbook, or, these days, typing numbers into an existing compute code: there are many handbooks and computer codes that give all mathematical equations, theorems, and solutions. It is the ability to 'formulate a problem' into the forms given in such handbooks and codes that is direly needed. As everybody knows, Russians are better than Americans in mathematical sciences.

I find the reason in this book: Russians are better taught.

In lunch table conversions among us engineering professors in KAIST, how to instill creativity in young people is one constant subject. Even government bureaucrats demand that we professors teach students creativity. Can creativity be taught? In my favorite opera by Richard Wagner titled Ring of Niebelungen, the supreme god Wotan tries to create a creative man to solve world's problems. But he finds that any man he creates is a slave to the god and not a creative man. In the end, he concludes that 'creative man creates himself.' When the god cannot do it, certainly we KAIST professors cannot. Can this book create a creative person? No, it cannot. But, it probably can 'find' a creative person and let his/her creativity blossom. I strongly recommend everybody to try out this book to find out how creative he or she realy is. I hope math teachers in grade schools and 'hagwuons', and above all government bureaucrats, take notice of this book. Using this book for math education would be good for the country. Incidentally, aerospace engineering is the technology that requires the best creativity. Anyone successful with this book is recommended to apply for Aerospace Engineering Department of KAIST. Good luck.

Chul Park

Dr. Chul Park is a visiting professor in Korea Advanced Institute of Science and Technology, in the Department of Aerospace Engineering, teaching the technologies of space travel. He holds Bachelors and Master's degrees from Seoul National University and PhD from Imperial College of Science and Technology in London, England. He also holds an honorary Doctor of Engineering degree from University of Stuttgart in Germany where he consulted. He worked 37 years for NASA, taught 3 years in Japan, and taught part time in Stanford University and MIT. Twice he was given a medal from the United States government and once from American Institute of Aeronautics and Astronautics, for his contribution in the technology of space travel.

페렐만의 살아있는 수학 3

초판 1쇄 : 2007년 2월 26일

지은이 : 야콥 페렐만
옮긴이 : 조수영
그린이 : 조민복
교 정 : 김민선
펴낸곳 : 도서출판 써네스트
펴낸이 : 강완구

출판등록 : 2005년 7월 13일 제 313-2005-000149호

주 소 : 서울시 마포구 망원동 379-36
전 화 : 02-332-9384
팩 스 : 02-332-9383
이메일 : sunestbooks@yahoo.co.kr
홈페이지 : www.sunest.co.kr

값 10,000원
ISBN 978-89-91958-08-1 03410